"自我进化"系列丛书 03

[美] 迈克·贝克特尔（Mike Bechtle） 著

潘苏悦 译

内向者的力量

The Introvert's Guide to Success
in the Workplace

Becoming Confident in a Culture of
Extroverted Expectations

7 招打造内向者的职场竞争力

机械工业出版社
CHINA MACHINE PRESS

作为一个内向者，你有没有觉得自己最擅长的事情是深入思考、敏锐观察、专注倾听和战略规划。在工作场所，当你没有得到高度重视或是当职场中外向者得到认可和奖励时，你是否曾有被忽视的感觉呢？事实上，你的无形技能对任何企业的成功都至关重要！你个人成功的关键不是努力成为别人，而是要做100%的自己。

本书作者以多年的理论与案例研究为背景，向读者展示了如何利用自己的独特优势，自信而真实地发挥自己的全部潜力。从内向者的觉醒到心理战再到自我对话，作者深入而透彻的阐述让内向者对于自己有了更深刻的认知与反省。作者还提供了7招用以帮助内向者打造自己的职场竞争力，让内向者从内在到外在两方面得到意识与行为的升级。

从今天开始，用书中提供的高效可行的方法改变你的工作与生活吧！

图书在版编目（CIP）数据

内向者的力量：7招打造内向者的职场竞争力 /（美）迈克·贝克特尔（Mike Bechtle）著；潘苏悦译. — 北京：机械工业出版社，2024.4

书名原文：The Introvert's Guide to Success in the Workplace：Becoming Confident in a Culture of Extroverted Expectations

ISBN 978-7-111-75665-1

Ⅰ. ①内…　Ⅱ. ①迈…②潘…　Ⅲ. ①内倾性格—通俗读物　Ⅳ. ①B848.6-49

中国国家版本馆CIP数据核字（2024）第080869号

机械工业出版社（北京市百万庄大街22号　邮政编码100037）
策划编辑：刘怡丹　　　　责任编辑：刘怡丹
责任校对：郑　婕　张昕妍　责任印制：张　博
北京联兴盛业印刷股份有限公司印刷
2024年5月第1版第1次印刷
145mm×210mm·8.125印张·146千字
标准书号：ISBN 978-7-111-75665-1
定价：55.00元

电话服务　　　　　　　　　　　　网络服务
客服电话：010-88361066　　　　机　工　官　网：www.cmpbook.com
　　　　　010-88379833　　　　机　工　官　博：weibo.com/cmp1952
　　　　　010-68326294　　　　金　书　网：www.golden-book.com
封底无防伪标均为盗版　　　　　　机工教育服务网：www.cmpedu.com

献给雅各布（Jacob）

对本书的赞誉

"最平衡的团队是涵盖众多优势和技能的团队。当内向者和外向者不再争夺空间并开始协作时，就能做成大事。迈克巧妙地揭示了内向者在工作中面临的困境，并提供了简单的解决方案。你不用委曲求全（也不会在这个过程中耗尽精力）。"

——乔恩·阿卡夫（Jon Acuff）
《纽约时报》畅销书《原声》作者

"作为一个内向者，我得到的惨痛教训是：如果你试图成为另一个人，那么你不会成功，只会精疲力竭。我希望自己多年前就能拥有迈克·贝克特尔在本书中呈现给我们的智慧、洞察力和切实有效的措施。对于那些想要真正在工作中蒸蒸日上的内向者来说，这是一本必读书，它可以帮助你通过充分运用你的优势，而不是让你成为另一个人来实现这个愿望。"

——霍利·格特（Holley Gerth）
畅销书《内向者的强大目标》作者

"在与专业演讲者的合作中，我经常指导那些觉得被自己的性格束手束脚的内向者。《内向者的力量：7招打造内向者的职场竞争力》一书消除了这些误解，为内向者提供了一套合乎逻辑又循序渐进的流程，让他们获得与地位相当的外向者相同（甚至更大）的影响力。每个想要在任何领域成为佼佼者的内向者的书房里都需要这本书！"

——格兰特·鲍德温（Grant Baldwin）
《成功的演说家》作者
演说家实验室创始人兼首席执行官

"这本书是独一无二的。关于这个主题的其他书籍让我们相信做一个内向者没什么不好。但这本书更具实用性，它能帮助我们充分利用自己的性格优势，并将其转化为工作和生活中的成功技能。这不是一本教我们如何假装外向的书，而是一本有用处、有帮助的实用指南，告诉我们如何做最好的自己。这样我们才能在这个与外向者共享的世界中做出巨大贡献，真正大展宏图。"

——肯·戈尼耶（Ken Gonyer）
精选图书公司前首席执行官

"那些认为'谁声音大谁就赢'的人完全错了。作者迈克·贝克特尔以他的个人和职业经历证明，内向并不是一种障碍，更不是一个弱点。事实上，如果理解和使用得当，它是一种对我们有利的力量。贝克特尔以引人入胜的写作风格，将学术、故事和行之有效的行动步骤结合起来，帮助内向的读者利用好自己独有的创造性张力，即以健康的方式接受自己的个性，同时做出既有意义又可控的调整，成为最好的自己。这本书以职场为重点，其中的原则对独立创业者、企业家、高管、经理、团队领导和员工都适用。换句话说，如果你是职场中的内向者，那么你需要读这本书！"

——雷蒙·普雷森（Ramon Presson）博士
《什么时候我的生活才不会糟糕？》作者

序　言

　　早上 5 点，我到达了家附近的星巴克汽车穿梭餐厅。这里没有什么干扰，适合写作，所以我常来这里。其他顾客大都会开着车在店外等着取咖啡，而我几乎可以独享店内的空间。

　　我喜欢这样。对我来说，清晨是享受宁静且为一天积蓄能量的时光。我开车出来的时候天还是黑的，路上也没有什么车。

　　点单时，我和收银员聊了几句。她说话时面带微笑，我们的交流简短又温暖。即使在这么早的时候，柜台后面也是忙碌而嘈杂的。咖啡师正以 1.25 倍速为顾客提供一天所需的咖啡因饮品。器皿叮当作响，蒸汽发出嘶嘶声，声音此起彼伏。

　　我端着咖啡回到常坐的那张靠窗的桌子，在那里我可以看着世界苏醒。休息区要安静得多。我看着太阳从地平线上升起，眼前是一个不慌不忙的世界。我知道这一天要参加会议，要与人谈话，要有高产出，会面临挑战，但如果我慢慢开启一天，就能很好地应对这些。感觉就像是我在一个情绪加油站停下来，加满油，为新的一天做准备。

没过多久，他们开始播放音乐（当时播放的是说唱歌曲），乐曲扰乱了宁静，也破坏了我的独处氛围。我早有准备，就像我每天做的那样，我拿出秘密武器——降噪耳机，在它的帮助下，我回归了宁静，重新专注起来。

我一直以为降噪耳机是内向者发明的，因为他们在安静环境下工作状态最佳，但事实证明我错了，它是 1978 年由一位音响工程师在国际航班上发明的。当时空乘人员给乘客提供了简易的耳机听音乐，但机舱内的噪声太大，大家基本听不到音乐，所以这位工程师在餐巾纸上草草写下关于如何消除背景噪声的想法，这催生了我们今天使用的降噪技术。这位工程师就是阿玛尔·博世（Amar Bose）博士。他没办法让飞机变得更安静，所以找到了一种为耳朵屏蔽噪声的方法，让他能专注于想听的内容。[1]

我们也可以想想潜水装备。如果我们想探索海洋深处，就必须依靠潜水设备，否则我们无法生存。当然，如果我们能变成鱼，事情就简单得多了，但那是不可能的。内向者在一个大多数人外向的世界里工作，就是这样的感觉。人们认为我们应该变得外向，融入他们的圈子，但这就像要求我们长出鳍和鳃一样。其实我们应该接受现实，并找到创造性的

方法，让自己在这个不自在的环境中更好地发挥作用。

我们不是鱼，也不是外向者。

我们是内向者，而且我们具备在职场取得出色成果所需的一切。我们要做的就是不断进步，成为最好的自己，这本书会告诉你该怎么做！

一切开始的地方

"你们的儿子成不了大器，"我听到幼儿园老师对我的父母说，"他太害羞了。"

我对学校的童年记忆不多，但这件事让我印象深刻。我有点惊讶的是，她说这些话的时候我就站在旁边，她好像认为我年岁还小不会注意到似的。我确定他们还说了些别的，但我已经不记得后来又听到了什么，只记得5岁的自己对听到的那些话的解读是：

- 如果你想在生活中取得成功，你就不能害羞。
- 我不确定"害羞"是什么意思，但听起来不太好。这意味着在我身上有需要解决的问题。
- "害羞"是无法解决的，它听起来是永久性的。
- "害羞"听起来像是个缺陷，会让我一辈子都"不如别人"。

久而久之，我认同了老师对我下的定论。我不知道其他更能表达我个性的话语，所以我倒没有因此而痛苦，只是觉得自己和其他孩子不一样。他们是"赢家"，他们外向、友好、热情，会和其他个性类似的孩子一起玩，而我会和"失败者"，也就是那些安静且不合群的孩子们一起玩。不是因为我被他们吸引，而是因为我觉得自己和他们是一类。

毕竟，一位专业人士（我的老师）已经对我做了定论，所以肯定是错不了的。

因为我相信自己是这样的，所以我觉得其他人也都这么认为。我觉得别人一定在想：*他是个害羞的孩子，我不想跟他做朋友。*这对一个孩子来说是个很沉重的负担，但我不知道还能有什么其他选择。

在我五年级的一节体育课上，同学们分成两队去踢球。队长们轮流挑选他们想要的队员，很快就只剩下我一个人了。好消息是队长们为我而争执，坏消息是他们争着甩掉我。"他归你了，"一个队长说。"不，没关系，"另一个说，"你就留着他吧。"

这让人不舒服，但并不意外。它只是强化了我认定的事实：我在同龄人的社会中处于最底层。我是这么认为的，所以我的实际生活也就成了这样。我说服自己：我就是一个安静的人，类似情况总会发生，而我对此是无能为力的。这也意味着我永远不会成功，因为我只能这么安安静静。我看到学校里所有那些外向的孩子收获友谊，得到机会，在生活中取得成功，我知道，那些都不可能属于我。

我被这些想法困住了，这似乎不太公平。我想改变，但我觉得自己做不到，而且我有证据——我的老师曾说过的那些话。

这不仅仅是儿童期的问题

进入高中后，我学会了一些生存技巧。我本质上还是安静的，但我想到了一些方法，可以结交几个好朋友，并与他们建立联系。和这几个好友在一起时，我感觉不错，但在其他场合，我仍然感到格格不入。受欢迎的孩子似乎都是外向的，而我更善于思考。我发现自己在与外向的孩子交谈时，总是很难快速想出该如何回应。他们会将想法脱口而出，而我却不得不停下来先组织一下我要说的话。这种迟疑总给人一种不确定的感觉，这更坚定了我对自己的看法。

我记得橄榄球队的一个家伙问过我一个问题。我花了几秒钟的时间整理思路，准备回答，由于停顿时间实在太长了，于是他说："为什么你不能直接说出你的想法？你倒是说啊！"这更让我的思维短路，到现在我仍然记得他摇着头走开的样子。大约30秒钟后，我想出了一个完美而巧妙的回答，但他早已不见踪影。

外向者往往思考得更快，并通过交谈来形成他们的想法。像我这样内向的人往往思考得更深入，先要花时间思考，然后才能组织语言。在那次谈话中，我还没思考完，而他还没开始思考。

没有人会被困住

早年的生活经历构成了我们自我认知的底层逻辑。如果内向者经常被拿来和外向者比较，那么他们会觉得自己低人一等，需要有所改变。如果他们常被赞美，那么从一开始他们就会对自己的内向有一个正确的认知。

幸运的是，任何年龄的人以合理的方式接触真相，都可以克服自卑感。这就是我们将在本书中讨论的问题。我们将挑战错误的认知，代之以正确的认知。如果你仍然觉得自己需要变得更外向一些，那么等待你的将是挫折和失败。发现并欣然接受你的内向性格能帮助你快速找到自己的身份和目标。

你就要破茧而出啦！

感谢上帝，我是个内向的人

我喜欢做一个内向的人。说真的，我不想变成任何其他性格。

但事实并非总是如此。内向的我，在一个似乎到处都是外向者的世界里成长并不容易，我希望自己能像其他人一样自信、外向和风度翩翩。我觉得自己格格不入，就像动物园里有只树獭生活在了猴子展区。

在成长过程中，我们看到的是这样的一个世界：成功者说话轻松自如，清楚地知道该说什么。我们看到电视上的脱口秀主持人、政客和名流都能流利沟通。我们可能会注意到，销售人员、领导、律师，甚至理发师都能轻轻松松和他人聊上几个小时。由于外向者善于交谈，我们总是听到他们在表达，所以才会觉得这是一个外向者的世界。

但其实不然。

虽然你可能会觉得其他人都很外向，但事实并非如此。研究表明，多达 50% 的人是内向的。[2] 这意味着内向者和外向者人数差不多，所以我们并不是少数派。我们只是存在感不明显，因为我们想的比说的多（我们擅长"保持沉默"）。当大部分时间都是外向者在说话时，他们似乎占了大多数，这会让我们觉得自己处于劣势。基于表面上所看到的，我们可能会得出这样的结论：我们不具备成功所需要的条件，因为我们的性格有问题。

本书对这一结论提出了挑战。我们拥有的正是成功驾驭人生并对世界产生惊人影响所需要的性格。我们不需要与外向者竞争，我们只需要挺身而出，成为这个星球上的共同居民！

很多内向者还不能理解这种观点，认为我们"不够"优秀，因为我们不像其他人那样外向。这是一种有害的想法，这不是真的，是时候做出改变了。

是时候建立一种全新的认知了，有些独特的贡献和价值只有内向者才能贡献给这个世界。如果我们试图变得像外向者一样，那么只有我们才能贡献给世界的东西就被剥夺了。

是时候从比较转向独特的贡献了。

让我们来看看这种贡献是什么样子的，以及我们如何才能做出这样的贡献。

目 录

CONTENTS

旅程开始的地方

如果我们举办一个内向者大会，会是什么样子的？

佚名

那一幕我至今记忆犹新，因为当时感触颇深。我与工作团队一起去见我们的新领导，了解她对未来工作的设想。我们有十几个人，围坐在一张长方形的桌子周围，我坐在最前面的位置，就在新领导的旁边。她站在那里向我们提问，把捕捉到的思绪记录在活动挂图上，并就我们团队的想法进行探讨。这场讨论引人入胜，她极具魅力，看得出来，她很看重团队的经验。

我认真听着，并就大家分享的想法做了大量的笔记。会议讨论的节奏虽然快，又有些嘈杂，但我很欣赏团队的活力。这令人鼓舞，我知道，会议讨论结束后自己会花上几个小时甚至几天的时间来整理讨论的内容。

会议快结束的时候，我们的新领导转向我说："迈克，你一直很安静，你在想什么？"

我脑子一片空白，突然感到一阵恐慌。我一直全身心地投入在会议里，但我一直只是在倾听，没有说话。我正在吸收所有的内容，这样我就可以仔细思考，并在处理之后形成自己的观点。但在那一刻，我完全措手不及。房间里变得很安静，每个人都盯着我，等待着我的回应。我想说些睿智的话给新领导留下深刻的印象，但我脑中空空如也。

沉默大概只持续了一两秒钟，然后我嘟囔了一些无关痛痒的话。她绝对没把我说的东西写到活动挂图上。当我离开会议室时，我完全没有心思去回顾听到的那些令人振奋的想法，也没有心思畅想我们团队的未来。我一直在为自己糟糕的表现自责，猜测新领导会怎么看我。

在企业中工作多年，我与许多在各种环境中有类似经历的人共事过。内向的建筑工人抱怨说，在工地早会上，其他人的互动看上去很自如，但他们就需要花更多的精力去参与。销售人员每天都需要在开放式的办公室里打电话，所有人都在一个空间工作，这让那些内向的人觉得精疲力竭，总想逃到没有人能听到他们说话的空会议室工作。小企业的员工下班后会一起出去，而内向者只想回家，尤其是当同事们提出去拥挤嘈杂的地方时。

"我是怎么了？"我听过很多内向者这样问，"为什么我就不能更外向一点，更善于交际呢？"他们并不讨厌别人，事实上，他们通常喜欢和自己共事的人。当外向者开始热情高涨时，内向者似乎会变得泄气。内向者经常会假装自己外向，假装很享受互动产生的能量，但这可能更让他们心力交瘁。

我记得那种感觉，当时我似乎只有两个选择：

我可以试着改变自己。

我可以放弃，接受自己的缺陷。

这两种做法对我来说都不是积极正向的。改变我的性格听起来很费功夫。放弃听起来更像是认输了。我需要一个不同的解决方案，一个可以做自己，但在任何环境中都能蒸蒸日上的方案。

这就是我写这本书的初衷，也是你和我要实现的目标。

在黑暗中寻找意义

不知什么时候，我听到了"内向者"这个词。这对我来说是一个相当新的术语，因为当时没人过多地谈论它。我查了一下定义："喜欢安静的环境，限制社交活动，或者比一般人更喜欢独处的人……特征是以关注自己的想法和感受为主。"[1]

这是我第一次看到描述自己感受的话语，这些话语似乎并不消极。感觉内向并不像是我一直在努力克服的坏事，而是我与生俱来的自然状态。

原来，研究人员对内向性格的研究已经进行了一百多年。但大多数时候，研究会基于这样一个假设：外向是积极且可取的，内向是消极且不可取的。例如，大多数研究使用的测量标尺中，外向行为在标尺的顶部（可取的），而内向行为在标尺的底部（不可取的）。所以，"理想性格"在一端，而另一端则是"理想性格的对立面"。

这就好比说："海滩度假（100 分）比山中度假（0 分）更好。"做这个标尺的人可能正和一群吵吵闹闹的朋友坐在沙滩上说："没有比这更好的了。"然后有人说："我想知道在山中度假会是什么样的？"这群人回应说："一定很无聊！为什么会有人想去山里度假？"所基于的假设是，每个人都知道海滩度假很棒，所以其他一切都是根据这个标准来衡量的。既然去山中旅行是"非海滩"度假，那一定毫无乐趣。

这种类型的衡量标准直到 20 世纪 80 年代末仍在使用，大约在同一时期，史蒂芬·柯维（Stephen R. Covey）博士描述了社会是如何从看重品格转向把个性当成衡量成功的标准的。[2] 以前，人们尊重一个人是基于他的正直、谦逊、勇敢、耐心、勤奋等品格，而不是看他有多么合群或者多么外向。但是当人们获知通过表现出外向的特征可以得到更好的结果时，外向就成了新的标准。想要在生活、友谊和事业上取得成功吗？假装更外向、更友善，把自己定位为外向者，让别人喜欢自己。

内向不是什么值得赞扬和重视的东西。以性格为主要衡量标准，内向者被定义为"非外向者"，这意味着内向是需要修正的。

观念的转变

2003 年，乔纳森·劳赫（Jonathan Rauch）在《大西洋月刊》（the Atlantic）上发表了一篇名为《呵护你的内向性格》（Caring for Your Introvert）的文章，这篇文章迅速传播开来（当时的媒体可不像现在这样数字化）。"内向者可能很常见，"他说，"但他们也是美国乃至全世界最被误解、最受委屈的群体之一。"[3] 我立刻产生了共鸣，就好像终于有人说出了我内心的困惑。这就像在亚利桑那沙漠的高温下喝到了一杯冰水，我就是在那里长大的。

大约在同一时间，马蒂·奥尔森·兰妮（Marti Olsen Laney）出版了《内向者心理学》（The Introvert Advantage）一书，这是最早全面阐述内向者价值的书籍之一。之后，苏珊·凯恩（Susan Cain）做了名为"内向者的力量"（The Power of Introverts）的 TED 演讲，十多年后，这一演讲仍然是观看人次最多的 TED 演讲之一。她在 2012 年出版的畅销书《安静：内向性格的竞争力》（*Quiet：The Power of Introverts in a World That Can't Stop Talking*），触动了数百万内向者的心弦，他们突然感到自己受到了关注和认可。在 2020 年，霍莉·格特（Holly Gerth）写了《你能成就的，比想象的更大：内向爆发力的觉醒》（*The Powerful Purpose of Introverts*）一书，那些一生都在"不如别人"的感觉中挣扎的人开始看到，他们可以为这个世界提供很大的价值，而不必受那些期望他们成为别人的人摆布。

闸门已经打开，越来越多的资源被开发出来，向内向者传递这样一个信息：*你这样就很好，你生来就是要有所作为的。*人们发现，内向者不用再像过去多年来那样与外向者比较。内向者值得被认可，不仅如此，他们为社会做出的独特贡献更是值得赞美的。

还有很长的路要走，但是基础已经奠定好了。这是第一步。并不是每一位内向者都意识到了自己的个人价值，但是帮助他们意识到自身价值的资源已有很多，我们有证据证明内向性格具有非凡价值。

"太好了，"内向者说，"我发现自己可以有所贡献。我现在感觉好多了，但我还是得在一个外向者云集的世界里工作。我需要一些实用的技能，让自己每天都能与其他性格的人并肩作战，并在这个世界游刃有余，毫无差池。和我共事的人可能会以是否外向、是否精力充沛为标准来衡量我的表现，我需要帮助。我怎样才能在职场中完全做自己，并在与外向者处于平等地位的基础上做出贡献？"

这是第二步，也是本书的重点。

当我发现（a）我是一个内向者，（b）我永远不可能成为外向者，（c）假装自己为外向者是通向失败和沮丧的最快途径时，我在职场获得了成功。我学会了欣赏自己天生的性格，发现了自己的独特优势，然后利用它们。这让我能够以外向者无法企及的方式完成需要完成的工作。我学会了如何按自己的方式而不是别人的方式与人相处和互动，赢得他们的尊重并产生影响。我发现，外向者可能会因为我所能提供的一切而重视我。

内向者并不像选美比赛中的"亚军"那样屈居第二。他们实际上是"最好的"，而外向者也是如此，因为我们都以各自独特的方式行事。内向者可以在工作中产生外向者无法想象的影响（反之亦然）。

捕捉愿景

我们怎么才能在工作中产生外向者无法想象的影响？以

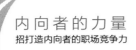

下是整个过程的概述。

我们不会在第一步花费太多时间，因为这方面已有很多可用的优质资源。但我们会回顾一下基本原则，以确保自己有坚实的理念基础。对一些人来说，这些关于内向者个人价值的信息可能是全新的。对另一些人来说，可以借此机会对自己已知的信息进行微调。无论你是哪一种，都要确保自己非常清楚内向者的独特价值。

然后我们将进入第二步，学习一系列的绝招，这些绝招能让我们在工作环境中把内向当作超能力来使用。如果我们这样做，以下这些是可以实现的：

- 你将有信心完全做自己，不会受人胁迫。
- 你会赢得和自己共事的外向者的尊重，无论是同事、老板、客户、供应商，还是员工。
- 你会知道如何管理自己的精力以达到最佳表现。
- 你会觉得没必要假装自己比实际更外向。
- 你将能够在会议中有所贡献，并以对你来说很自然的方式赢得尊重。
- 通过做真实的自己，你将能够在众人面前自信地发言。
- 你的自我对话会帮自己树立信心，而不是打垮你。
- 你将能够用自己的独特优势有效领导他人。
- 你会知道如何在工作中变得引人注目。

• 无论你选择什么样的职位，你都会表现出色，哪怕是那些大家认为外向者才能胜任的职位。

• 你会爱上每天去工作，因为你在自己的最佳状态下工作。

• 你会在团队合作方面表现出色。

• 你会成为会说内外向两种语言的人，因为你的第二语言（ESL）[⊖] 很流利（外向语言就是你的第二语言）。

• 你在影响他人、建立关系、领导团队、建立信任和共情等方面的能力会非常突出。

• 你对他人和周遭环境中发生的事情天生敏感，你会利用好这一优势。

• 你会知道如何以自己独特的方式建立人际关系，这是外向者做不到的。

你可以破除不健康的认知，成为最好的自己。这意味着成长和改变，获得适合自己而非适合别人的新技能。

如果你是一个外向者，和别人交谈会不会更轻松一些？

⊖ 原文中是"ESL"，作者特别注明是"Extrovert as a second language"（外向作为第二语言）的缩写，而 ESL 原本是"English as a second language"（作为第二语言的英语）的缩写，作者创造性地用同为"E"开头的"Extrovert"替换了"English"，用以说明内向就像是内向者的母语，而外向就像是他们的第二语言。

通常是这样的，但这并不意味着内向的你就不能成为高效沟通者。交谈方面的差异只是内向者和外向者的众多差异之一，你不需要把它当成唯一需要关注的事情，甚至都不需要多加关注。本书将鼓励你使用有影响力的语言，让你树立起信心。记住，成功来自于你所拥有的一切力量，而不仅仅是你的言辞。

我将充当你本次旅程的导游。我不会教你一定奏效的万能方法，而会以一个内向者的身份与你同行，帮助你打造适合你的个性化旅程。这是你的旅程，不是我的。

我只是一个有些"内幕消息"和"经验"的人。

我写这本书的目的不是帮助你生存下去，而是帮助你以超乎自己想象的方式大展宏图。我希望帮助你建立一个新的愿景，进入这个愿景，然后改变世界。

我希望你拥有足够的影响力，能让外向者说："我希望自己能像他们一样！"

内向者的力量

第一部分

职场中的内向者

7招打造内向者的职场竞争力

玩"你演我猜"的游戏时，你得站在一群人面前表演，让每个人都能猜出你表演的是什么，在这过程中你不能说话。如果你是一个内向的人，猜字游戏可能不是你最喜欢的聚会游戏之一。

- 你必须站在一群人面前。
- 你必须用动作、肢体语言和表情来表演。
- 如果大家猜对了，你会感觉好一些，但整个过程令你远离了自己的舒适区。
- 如果大家都没猜对，没人会说什么，但你会觉得自己让团队失望了，觉得别人会默默地评判你。
- 它会让你觉得别人比你强，而你没有达到期望。
- 其他人看起来都玩得很开心，你会觉得只有自己一个人讨厌这种体验。但你还是保持笑容，所以没人会注意到你的不适。

我常常想，如果让我二选一，玩"你演我猜"的游戏还是往指缝里钉竹签，我会选后者。我也曾经想过，要在一个外向者的世界里生存，自己就必须在玩这种游戏时保持笑容，假装没事的样子。

如果你这辈子每天都不得不玩"你演我猜"的游戏，那么会怎么样呢？这就是内向者在生活中的感受，我们仍然有着"不如别人"的心态，觉得生活就像是演戏，假装成另一个人才能过好每一天。这会给我们别无选择的感觉，让自己精疲力竭。

还有另一种办法。不用演戏，而是从内在着手。这与意志力无关，意志力会随着时间的流逝而耗尽。*想要真正改变我们的生活，关键在于改变我们的思维方式。*

在职场蒸蒸日上源于以下两点：

1. 完全接受和欣赏我们与生俱来的性格。
2. 利用这种性格的独特优势，做出别人无法做出的贡献。

我们中的许多人认为，为了成功，我们必须变成另一种人，这就像要把西瓜变成帆船一样，明摆着是不可能的事情。当我们改变自己的视角，全力以赴成为最好的自己时，我们就能真正成功。

　　这并不意味着我们可以仅仅因为感觉不适，就不再学习那些能助力我们大展宏图的新技能。这意味着我们要接受自己的性格，然后掌握和完善在推崇外向的职场里所需的技能，让自己产生重大影响。用内向作为停滞不前的借口是无益的。我们想要活出价值，学习和成长是必经之路。

　　本节的内容是关于我们的思维方式的（这是其他一切的基础）。后面我们会学习所需技能，但现在，我们先从以下四个方面开始：

　　• 内向者的时运好转。这部分内容涉及人们传统上是如何看待内向者的，以及这种看法在过去几十年中发生了怎样的变化。社会正在学着重视内向者的贡献，但人们对我们在职场表现的预期由来已久而且持续存在。

　　• 心理游戏。这部分内容涉及内向者如何看待他人，以及纠正内向者对他人看法的无意识偏见。内向者常常认为自己很清楚外向者在想什么，但在大多数情况下，我们是错的。

　　• 误解终结者。这部分内容涉及人们通常对内向者抱有怎样的误解，以及他们忽视的真相。即使是内向者也可能会相信这些误解，所以我们需要识别出它们并勇敢质疑。

　　• 如何自我对话。这部分内容涉及以错误的方式进行自我对话和不听取他人意见的危害。为了准确认识自己，内向者需要避免过于内省或过度专注于内心对话。如果不听他人的反馈，不了解他人的视角，那么内省可能会变得有害。

建立正确、积极的心态意味着抛弃吉格·金克拉（Zig Ziglar）所说的"发臭思维"（stinking thinking），用一种新的方式来准确看待自己和他人。（研究表明，我们每天大约产生 50000 个想法，其中 70%~80% 是消极的。）[1]

即使你是个完全内向的人，你也可以在职场出类拔萃。我们将讨论那些完全适合你的技能（甚至是超能力）。然后，你可以学习新技能，让自己在职场蒸蒸日上。当你练习新技能，并且水平日渐提高时，你的信心就会增强，你就会产生最大的影响。

如果我们的心态是错误的，那么学习的任何新技能都只会成为应对机制，我们做事的时候会从弱项而不是强项出发。我们的思想决定了我们的信念，信念决定了我们的感受，而感受又决定了我们的行动。

让我们从心态上打好坚实基础，为后面学习实现改变的具体方法做好准备。

1 内向者的时运好转

也许我很安静，但我有自己的内心世界。

佚名

———————

洛杉矶市中心有一片巨大的高档公寓楼群，占地两三个街区。这些年来我曾多次开车经过，它们是很难被忽视的，因为如果我那天在洛杉矶的公司上班，那么回家的时候一上高速就能看到它们。这时通常会遇到晚高峰，交通堵塞，所以我有足够的时间注意到它们。我通常要开两小时的车才能到家。成千上万的司机每天都在经历同样的事情，漫长而疲惫的通勤是每个人的心头之痛。

有一天，一条巨大的横幅出现在这个楼群的一侧，上面写着："如果你住在这里，你现在已经到家了。"我的第一个想法是：*多么了不起的营销啊。*这则广告的设计显然戳中了这条*路上每个司机的痛点。*我想知道有多少人因为这条横幅搬去了那里。

　　我的第二个想法是内向者的心声：*谁会想住在市中心呢？* 我偶尔会在晚上去那个街区，街上挤满了人，几乎和白天没什么两样。这让我想起了我偶尔去纽约旅行，在深夜穿过时代广场或曼哈顿时的情形。我第一次听到"不夜城"这个说法时就提出了疑问：*这是一件好事吗？*

　　几周后，在一个研讨会开始之前，我回到了洛杉矶市中心，跟与会者们联系。劳伦斯是第一个到会的，我们还不是很熟悉。在那个地区，人人都关心交通，所以从交通聊起是一个不错的选择。我问："你今天早上到这里花了多长时间？"他回答："大概 5 分钟。"

　　"只要 5 分钟？"我问，"你住在哪里？"

　　"街区那头的那些大公寓里。"他回答，"我今天早上走着来的。"

　　我立刻来了兴致。"是什么促使你搬到那里去的？你觉得那里怎么样？"

　　"我已经在那里住了大概七个月了，我很喜欢那里，我可不想再住到其他地方了。首先，我卖掉了自己的车，去哪里都是步行或拼车。如果要去旅行，我就租一辆车。"我一直在听，劳伦斯一直在说："但最重要的是，生活在城市里让我充满活力。在疲惫的工作日结束时，没有什么比有事情可做、有朋友可见、有地方可以探索更好的了。每晚都是一次新的冒险。我可不想下班就回到空荡荡的家，那样的生活太平静了。"

劳伦斯是一个外向者，搬到市中心让他感觉自己生活在了天堂。我是一个内向者，我觉得他刚刚描述的是活火山边缘的生活，充满了火焰和硫磺。

痛点

如果你像我一样，你可能会羡慕外向者在交谈中看起来多么自在。在工作中，他们能够毫不犹豫地说出自己的想法。人们称他们为"大佬"。这很容易让人相信，如果你想成功，就需要成为外向者，或者至少假装自己是外向者。

几年前，一位名叫威廉·帕纳派克（William Pannapaker）的大学教授以他的一个班级为研究对象，让学生们完成了一项当时很流行的性格调查。尽管学生中既有外向、活跃的人，也有不爱说话、不那么活跃的人，但他们都用能显示出自己是外向者的方式回答了各个问题。威廉知道这并不真实，所以进行了更深入的研究。

结果发现，每个学生都认为外向是积极的，内向是消极的。所以，当被问到"你更愿意去参加聚会还是待在家里看书"时，学生们认为参加聚会是积极的，而在家里看书是消极的。内向的学生知道其他人会看到他们的回答，他们不想给别人留下消极的印象，所以选择了最能被社会接受的回答。

帕纳派克写道："考虑到内向在美国文化中几乎处处不受欢迎，这个测试就像是在问'你是更喜欢酷酷的、受人欢迎的和成功的，还是更喜欢古怪的、被孤立的和失败的？'当学生们在课堂讨论中汇报这次性格调查活动时，他们普遍认为'内向是一种精神疾病'。"[1]

这项研究反映了整个社会的观点。无论是外向者还是内向者，都没能认识到内向者的独特气质。毕竟，如果内向被视为一件坏事，为什么还会有人想要去探索它呢？

幸运的是，有人这么做了。

内向者的觉醒

20 世纪中叶的研究人员意识到，在这个课题上还有更多的工作要做，所以他们开始探索一种可能性，即内向并不是坏事，只是与主流不同。他们还发现，虽然美国人更看重外向性格，但其他一些文化（如亚洲国家的文化）则更看重安静的沉思。由于高达 50% 的美国人可以被归为内向性格，研究人员开始关注这一人群。他们继续探索，想要更准确地了解什么是内向性格。

人们知道外向者的特征，但对内向者却知之甚少。最初，大多数人对内向者看法单一，将他们简单描述为：*经常想着自己的人*。[2] 但由于每个人都是不同特征的独特组合体，因此内向者不能简单地把自己归类为"安静"的人，把外向者归类为"吵闹"的人。这种刻板印象对内向者没有任何好处。

人和人的区别在于他从哪里汲取能量。外向者从关注外部事物中获得能量，他们更喜欢行动而不是深入思考。同时，当独处的时间太长时，他们会感到精疲力竭。

内向者专注于内心，需要独处来给自己充电。内向者可以在团队中很好地发挥作用，但这会耗费他们的精力。内向者喜欢更精简、更深入的关系。

这听起来像你吗？每个人都是独一无二的，但每个群体的确也有普遍的特征。

外向者

• 他们认为外在的人和事物构成的世界就是"家"。（他们在参加完一整天的会议后，会寻找那些他们想要见上一面的人。）

• 他们不会压抑自己的情绪，因为他们会在谈话中把情绪一点点释放出来。（他们在交谈中形成自己的想法，而他们的情绪依附于自己的想法。）

• 他们很容易分心。（他们会同时谈论几个想法，因为想法会不断涌现，前一个想法还没聊完，后一个想法已经冒出来了。）

- 他们偏爱采取行动。（他们宁愿抓起扳手就把管道拆开，也不愿先研究一下该怎么拆。）

- 他们善于交际。（在社交活动中，他们希望与尽可能多的人建立联系。）

- 他们从自身之外，即从与他人的联系中获得能量。（如果能量不足了，他们会拿起手机约几个朋友见面。）

- 他们做决定很快。（他们不会过度在意做出的决定是否正确。他们只是做出决定，如果不起作用，那么就进行调整。）

- 他们在公共场合和私下场合都是一样的。（无论在什么情况下，他们都是"真实的自己"。）

内向者

- 如果环境太吵，我们就无法集中注意力。（我们开车找地方的时候会把汽车音响的音量调小。）

- 我们需要花更长的时间来做决定，因为我们需要先考虑各种选择。（如果餐厅的菜单上有太多可选项，我们会是最后一个点餐的。）

- 我们通常更喜欢写而不是说。（如果有人打来电话，我们会把它转到语音信箱，这样我们就有时间考虑如何回复，然后我们会用短信回复。)

• 我们通过创造性思维提出解决方案。(我们不只是看事实，还会考虑每个决定的后果，以及对他人会有何影响。)

• 我们善于反思，把自己的"内心世界"当作"家"。(我们通常会想出很好的回答，但这样的回答要到交谈结束之后才能想出来。)

• 我们期待独处。(如果有人在最后一刻取消和我们共进晚餐的计划，我们会觉得这是一份礼物，即使我们真的很喜欢那个人。)

• 我们在一大群人中待上很长一段时间后，会感到精疲力竭。(不管是否真的需要，我们都会去几趟洗手间，只是为了给自己几分钟时间补充下精力。)

• 当我们感到精疲力竭时，会退回到自己的内心去休息。(当我们独自坐在安静的环境中，什么也不做的时候，可以感受到自己的精力正在恢复。)

• 我们独自学习会比在团体中学习效果更好。(大家在讨论的时候，我们不知道自己在想什么。在之后可以独自思考的时候，我们才会有自己的想法。)

• 我们的朋友比较少，但关系更加亲密。(在人际关系中，我们更看重质量而不是数量。)

• 我们有一个"公共场合的我"和一个"私下场合的

我"。(在自己的真实世界里，我们作为后者而生活，而步入有其他人的世界时，我们以前者示人。)

最后，我们作为内向者在职场展现着独特的个性和风格，我们无须成为外向者。人们开始谈论内向者的价值，认识到我们对这个世界的独特贡献。如果在谷歌上搜索"内向者的价值"，我们会步入一个克服自卑感的信息宝库。文献证明，内向者很重要，而且有大量资源可以让我们更好地发挥个人价值。

换句话说，我们"有一席之地"，并且在许多情况下，已被证明有很大的发展潜力。

但我们仍然生活在一个偏爱外向者的世界里。大多数人并没有看过所有的研究，仍然认为做一名外向者可能更好。外向者没有读过任何相关研究，所以可能一点也不了解这些研究。如果他们自己的处事方法看起来比内向者的更容易、更有影响力（也更有趣），那他们为什么还要去读这些研究呢？

我觉得很有趣的是，人们如此尊重那些对社会产生巨大影响的内向者，比如亚伯拉罕·林肯、圣雄甘地、阿尔伯特·爱因斯坦、沃伦·巴菲特、罗莎·帕克斯、苏斯博士、史蒂文·斯皮尔伯格、J.K.罗琳、史蒂夫·乔布斯和比尔·盖茨。没有人质疑他们为世界带来的巨大改变。但我们并不知道他们都是内向的人，我们只是喜欢他们所做的事情。*他们令人印象深刻，他们有所作为，他们发起了一场运动。*

社会称颂他们产生的影响，却忽略了他们产生影响的过程。这就是为什么苏珊·凯恩（Susan Cain）写道："成为最好的演说家和拥有最好的想法之间的相关性为零。"[3]

内向者仍然面临着艰苦的战斗。马蒂·奥尔森·兰妮（Marti Olsen Laney）写道："内向者每天都承受着压力，他们几乎从睡醒的那一刻起，就必须对外部世界做出反应并顺应它。"[4] 即使我们阅读了文献，学会了欣赏自己独特的性格，我们还是要去工作，而"外面是一片丛林。"自我感觉良好是一回事，想要在如今外向者云集的职场中游刃有余又是另一回事。

幸运的是，我们不再需要在职场与外向者竞争，我们需要的是学习如何与外向者相处，我们是平等的贡献者，只是性格不同。我们想要的不是生存，而是蒸蒸日上。

在工作中发挥作用

（如果是办公室办公）我们每周要花四十多个小时与老板和同事相处，但他们可能不理解内向者的独特价值。他们的期望往往是由他们既有的外向者视角决定的。如果是办公室和居家混合办公，或都是居家办公，我们仍然面临着同样的沟通挑战，而且当我们连线办公时，我们需要出现在视频中。

如果是办公室办公，想要脱颖而出，就要被别人"看到"，这已经够难的了。如果是居家办公，或者在工作现场独立工作，我们甚至更不显眼，所以就更难出人头地了。我们如何才能在不伪装自己的情况下取得成功并产生影响呢？

在大学教书就是个例子。这个职业往往对内向者很有吸引力，他们认为这份工作不需要太多的社交，可以只待在办公室里进行研究和学习。他们经常忽略的是，虽然这个职业很多时间可以独自工作，但也会有短暂（但频繁）的密集社交互动。他们要上课，面试各种职位，参加和出席专题讨论会，还要参加例会。人们觉得他们应该通过参与讨论来引起别人的关注。

在大多数这类情况下，内向者如履薄冰，却得不到太多的指引。我曾去一所大学应聘副教授职位，在短短两天多的时间里，参加了 15 项面试。面试我的人未来可能是我的同事、系主任、研究生，以及校长，感觉孤注一掷。我得面对大约十个教员讲课，他们坐在教室后排，做着笔记。我还得做一次对所有人开放的公开讲座。每一餐都和很多人一起吃，这样就有了一个"轻松"的交流机会。每项活动都在陌生环境中进行，为了节省时间，活动一个个无缝衔接，这意味着我没有休息时间来恢复精力。

整个过程都是为外向者设计的（设计的人可能就是外向者），我就是通过外向者视角被评估的。我面临的挑战是，我要让自己的内向性格优势在这样的环境中发挥出来，并抵制住假装自己是外向者的冲动。最终，我成功了，得到了这份工作。

面试之后的一个星期里，我都难以形成连贯的思维。

在招聘过程中，面试官很自然会被应聘者的个人魅力和举止所打动。他们会想，我喜欢这个人，他会很适合这里。虽然面试官和应聘者彼此吸引起到很大作用，但这不是唯一决定因素。很多时候，他们最终会聘用工作上表现平平但讨人喜欢的（外向的）人，而淘汰有深度思考力，能够为任何职位带来缜密思考和战略性方案的内向者。

内向者如何在职场蒸蒸日上

那么，内向者怎样才能不受这些大众期望的影响，在职场蒸蒸日上呢？通过成为百分之百的自己——一个世界级的内向者，在生活和工作中展露你独特的性格。正如喜剧演员史蒂夫·马丁（Steve Martin）所说："要优秀到他们无法忽视你。"[5]

这意味着我们不能像《小熊维尼》里的小毛驴屹耳那样自怨自艾,感觉自己因为内向而没有出头之日。成功意味着要完全接受自己的性格,然后有意识地成长和改变,并掌握与自己完全匹配的新技能。

如果你是一头猎豹,你永远不会变成雄鹰。找个跑步教练而不是飞行教练,你才能获得真正的成功。

2 心理游戏

每次收银员问我是不是找到了所有想买的东西，我都会撒谎说"是的"，这样我们的对话就能到此为止了。

佚名

我的同事告诉我："当地大学的教务长今天会来听你的研讨课。"我在前一天抵达这个大学城，准备在当地一家酒店讲授一次公开研讨课，而我的这位同事负责课程推广。课前我总会试着和尽可能多的人交流，我的同事会告诉我哪些人会来上课，这样我在见到他们之前就能了解一些他们的背景信息。

研讨课为期一整天，上午的课旗开得胜，大约有五十人就课上的话题进行了交流，气氛活跃。午休吃饭时，我的同事花了点时间向我汇报某些听众的反馈。

"你见到教务长了吗？"他问。

我之前做过十多年的大学教授，我读博士期间学的是高等教育管理，所以我觉得自己与教务长打交道的经验很丰富。但那天早上遇到的人里面，没有一个符合我心中教务长的形象。"没有啊，"我有点惊讶地回答，"他来了吗？"

他笑着对我说："我就知道。你有偏见。"

好吧，这让我很不舒服，但当他指出坐在房间后面一张桌子旁的那位就是教务长时，我就更不舒服了。"那个穿灰色西装的男人？"我问。"不，"他回答说，"坐在他旁边那个瘦小安静的黑人女士。"

他是对的。被人说有偏见是很尴尬的，尤其当你知道他说得没错，而自己甚至都没意识到这一点时。这是不知不觉中产生的偏见。这件事让我开始认识到，我们是如何在没有真正了解别人的情况下就对他们做出假设的。

"但我不知道……"

如今，我们有一个用来描述这个过程的术语——无意识偏见。这里面有两个词：偏见（我们根据自己有限的经验对某人做出的判断）和无意识（这意味着我们通常不知道它正在发生）。以下是它的作用原理。

形成偏见是大脑对接收到的信息进行快速整理的一种方式，这样我们就不必对进入大脑的每一件小事做出有意识的判断。你新遇到一个人，他的外表和行为都像你以前认识的某个人，你会觉得他应该和你以前认识的那个人一样，但你

可能完全错了。如果你喜欢以前认识的那个人，你会对新遇到的这个人产生好感。反之，你会对他产生怀疑。

当我们遇到与自己有很多共同点的人和不像自己的人时，我们往往更喜欢前者。这就是所谓的*相似性效应*（similarity effect），这可能很危险。马特·格拉维奇（Matt Grawitch）说："当我们新遇到一些人时，除了外表，我们对他们一无所知。这可能会导致我们对那些（年龄、种族、性别、体型等）看起来更像自己的人产生偏爱，而对那些外表看来与自己不同的人产生偏见。"[1]

偏见是指我们根据第一印象，即对方的长相和行为所形成的对别人的看法。因为没有任何数据来做出准确的判断，所以我们的大脑会从熟悉的部分开始入手。

遇到以下这些情况，你会怎么想？

· 有人驾车在高速公路上没打转向灯就突然改道，你不得不赶紧踩下刹车以免追尾。

· 一个人举着一块牌子站在出口匝道处，上面写着："我失业了，请帮帮我。"

· 在工作项目中，被分配来与你合作的人比你大 25 岁，或者小 25 岁。

· 最胖的求职者的简历最出众。

我们与对方没有任何互动，或完全不了解对方，却对他们的性格和能力形成了一种看法，这难道不是很有趣吗？

偏见本身并没有什么不好，因为它是人类经验的一部分。它可以保护我们避免可能的人身危险，或帮助我们撤销感觉不对劲的商业交易。关键是要认识到我们正在形成偏见，把这种偏见从"无意识"变成"有意识"。如果我们认识到正在形成偏见，就不大会做出伤害他人的选择。

我们认为：*我不会对任何人有偏见。*这就是无意识偏见的问题所在，正因为*它是无意识的*，我们才不知道偏见正在形成。

基于过去几年社会上发生的事件，我们比过去更能意识到这些问题。在职场上，我们注意避免因为某些人的个人特征而歧视他们，而是努力对他们的专业价值形成准确的认识。我们开始明白过来，当涉及种族、性别、体能、宗教等"重大"问题时，我们更容易意识到自己的预设。

但是对于内向呢？

人们对内向者会有无意识偏见吗？

真实情境里对内向者存在的偏见

培训开发员茱莉亚·卡特（Julia Carter）给出了三个工

作中常见的，对内向者存在的负面无意识偏见的例子：面试评估、培训课程和会议中的头脑风暴环节。[2]

面试评估

应聘者通常会经历一系列的评估，这些评估侧重于对小组讨论中的表现、是否积极主动、能否快速决策以及能否在小组会议中快速做出贡献等做出评价。这些都不是内向者天生擅长的，所以这样的评估是在衡量我们是否具有外向者的能力。公平的评估还应该包括深入思考部分，即分配给应聘者一个任务，然后给他们时间进行研究，深入倾听，运用同理心，并表达出深思熟虑的想法。

"外向者可能会有初步的想法，"卡特写道，"但通常是内向者能实现这个想法。"[3]

培训课程

传统的研讨课通常很大程度上依赖于像破冰和授课这类活动，让参加者与其他一两个人一起讨论一个观念。卡特说："不要让将近一半的听众想要逃跑。"[4]内向者需要一个过程，能让我们在没有压力的情况下提出想法。我们需要时间才能做出回应，不希望因为在回应前花时间思考而遭遇不公对待。

会议中的头脑风暴环节

头脑风暴环节通常能将外向者的能量调动起来，他们能迅速提出很多想法，而内向者此时却不知所措，无法贡献那些需要深入思考才能提出的想法。这样的会议很有价值，但组织者可以鼓励参与者在会议结束后思考并提交新的想法，从而让内向者发挥出最大的潜能。

对内向者的无意识偏见可能是积极的，也可能是消极的。积极偏见可能包括以下内容：

· 如果领导认为内向者工作努力，可能会给我们分配更重要的任务。

· 如果人们注意到内向者话不多，可能会自然而然地认为我们思考得更深刻，可能更聪明。

· 领导者可能会把内向者放在一个重要的团队中（但这也可能是因为他们认为我们不太会对他们的想法提出批评）。

消极偏见可能包括以下内容：

· 人们可能会排斥内向者，因为他们认为我们傲慢自大，对别人的想法不感兴趣。

· 当内向者沉默寡言时，其他人可能会认为我们不那么聪明，没什么想法，或者理解力不够，所以我们可能会被忽视，不能入选重要的团队项目。

• 有些人可能会不愿意与内向者沟通，因为他们认为这比与外向者沟通需要花费更多的时间和精力。

寻找宝藏

你和外向的同事和内向的同事一起开团队会议。前者思维敏捷、谈笑风生，给讨论带来活力。后者会倾听并处理获得的信息，不会说太多话。前者更显眼，后者则不那么引人注目。局外人可能会认为所有的好主意都出自外向者，而内向者没有任何贡献。

这就是无意识偏见在起作用。观察者没有意识到，他们觉得外向者比内向者做出的贡献更大，是因为后者很容易被忽视。

如果我们都能意识到自己的无意识偏见，我们就能把它变成*有意识的欣赏*。我们可以充分欣赏外向者的角色和贡献，也可以有意识地发现内向者的独特性。我们就能认识到，无论性格内向还是外向，每个人都有一个藏宝箱，都能做出独特贡献。对于外向者来说，这个藏宝箱埋得比较浅，每个人都知道该去哪里寻找。而对于内向者来说，它通常被埋得更深、更隐蔽，而我们可以"挖掘"这些资源。不管藏宝箱埋得深还是浅，克服无意识偏见意味着我们抛开假设，开始寻宝。

在职场中，对外向者和内向者资源的充分利用会影响公司的成功和盈利。当我们主动展示自己的独特贡献时，管理层和其他团队成员就能意识到他们忽视了多少价值。一旦他们见识到内向者带来的价值，他们就更有可能把我们的贡献看作是为团队锦上添花。

高管领导力教练、播客主持人凯西·卡普里诺（Kathy Caprino）记录了她自己对内向者从持无意识偏见到有意识欣赏的转变过程：

> 我不知道内向到底是什么，我对它有负面偏见，因为它和我自己的运作方式非常不同；我错误地认为外向就是能够快速思考和分析，了解并掌握自己所谈论的内容，可以成为一个强有力的领导者和管理者……我开始更多地关注自己对内向性格的偏见，并发现这些偏见极其泛滥。我曾经认为员工或同事"不能随机应变"，或"太沉默寡言了，这对他们不好"，而现在我看到，他们头脑敏锐、极富创造力，想法出色，能轻松与他人分享权力，而不是将自己的观点凌驾于他人之上。[5]

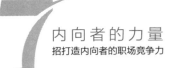

脚本反转

首先要认识到职场中对内向者存在普遍误解，然后有意识地就各种可能性展开讨论。如果看起来你和自己内向的同事被忽视了，那就有意识地和几个外向的同事建立一些真诚的关系。如果没人觉得你可以担任领导角色，那就在你目前的圈子里，用简单可见的方式展示你的领导能力，显示出你的价值。如果人们认为你太沉默寡言，无法做出任何贡献，那就用真实可见且能为团队带来价值的贡献进行反击。

作为内向者，你的专长是与尽可能小的群体建立联系，一对一尤其不错。和一个你熟悉的外向者建立联系，分享你的想法。听取他的意见，看看他是否能察觉到你的热情。他可能会促成所有人改变对你的看法。

是时候邀请一个外向者共进午餐了！

3 误解终结者

人们都说永远不可能有两片完全一样的雪花，
但是最近有人验证过吗？

特里·普拉切特（Terry Pratchett）

———————

无意识偏见是怎样的呢？

在学校里，大多数内向者都知道被按照外向标准来打分
是什么感觉。大学教授通常认为，学生应该为"现实世界"
做好准备，这意味着仅有学术能力是不够的。我们都有过这
样的经历，有些课程的分数在很大程度上取决于学生的课堂
参与度，有没有展示出领导能力，以及每次讨论有没有主动
参与，无论所提观点有没有价值。

正因为如此，大多数人在不知不觉中开始相信两件事：

1. 外向是在任何职场环境中取得成功的关键。
2. 如果一个人不外向，他就不会成功。

这一观点导致了一系列关于内向者的常见误解，人们形成了错误的假设（即无意识偏见），认为内向者是"替补球员"。我们是球队的一员，但很少有机会上场。通常在第一阵容里的外向者没空时，我们才去填补空缺。

当人们遇到内向者时，他们会怎么想？有哪些真相是他们没有意识到的？让我们来看看6个常见的误解和6个鲜为人知的真相，看看其中有多少是你熟悉的（特别是在职场环境中）：

6个常见的误解

1. 内向者不友好，不喜欢别人

内向者可能看起来有点高冷，但我们通常和外向者一样喜欢别人，只是我们喜欢的人要少一些。我们通常更喜欢与少数人深入交流，而不是与更多的人交往。我们的优势在于，在分享之前会深思熟虑，而不是随口说出脑海中闪现的想法。在一个大的群体中，我们会先倾听，然后花时间单独或与一两个人一起处理我们听到的内容。

一旦我们有了几个亲密的朋友，往往会对他们非常忠诚。我们也喜欢其他人，但与少数几个高度信任的同事一起工作，我们会做得最好。

2. 内向者成不了领导者

的确，大多数经理和高管都是外向者（有一项研究发现外向者占比约为 96%），但这并不意味着他们比内向者更高效。[1] 外向者在领导方面有优势，但内向者也有同样多的优势。

沃顿商学院教授兼作家亚当·格兰特（Adam Grant）发现，内向者和外向者都可以成为非常成功的领导者，但他们适合领导的员工类型不同。外向的领导者与那些需要指导的被动型员工相处得很好，而内向的领导者会"验证自己的想法，并认真听取来自下级的想法"，所以能很好地领导那些更为主动的员工。[2]

3. 内向者不擅长某些职业，如销售、高管或公开演讲者

每当我遇到精力充沛的销售人员时，我的防御心理就会增强。我并不在乎他们的友善，脑子里闪现的第一个念头是：*他们是假装喜欢我，好让我从他们那里买东西。*

这听起来不大合理，对吧？可能是的，但这是我一直以来的感受。如果他们语速很快，在我有机会思考之前就列出合乎逻辑的理由，我会感到害怕。他们认为用热情外放的方式能说服我，而事实通常恰恰相反。

有些职业往往需要更多地使用外向者的技能，所以内向者需要学习如何在该领域发挥作用。如果他们真的喜欢这个领域，那么他们可以找到创造性的方法，利用自己天生的性格特点脱颖而出。

选择一个能给你带来能量的职业，而不仅仅是为了钱。

4. 内向者不擅长社交

我年轻的时候想在职场取得成功。我知道建立人际关系是实现这一目标的最好方法，因为我在自己所知道的成功人士身上看到了这一点——他们都是外向者。我通过阅读哈维·麦凯（Harvey McKay）的《口渴之前先挖井》（*Dig Your Well before You're Thirsty*）和基思·法拉奇（Keith Ferrazzi）等的《别独自用餐：85% 的成功来自高效的社交能力》（*Never Eat Alone And Other Secrets to Success，One Relationship at a Time*）等书来研究他们是如何建立人际关系的。这些书很有激励作用，我也收集了一些听起来很不错的建议和技巧，比如：

- "你想要的不会自动落入囊中，要通过协商争取。"[3]
- "与人建立关系是你要学会的最重要的商业和生活技能之一……因为人们都爱和自己认识和喜欢的人做生意。"[4]
- "我们就是与自己打交道的人。"[5]
- "大胆自信说明天资聪颖，甚至慷慨大方。"[6]

问题是，这些建议与我的性格格格不入，与我一直以来的想法完全相反。我尝试按这些建议行事，并取得了一些进展，但这似乎是通过出卖自己的灵魂来实现的。如果我继续这么做，在以后的职业生涯中，我将一直生活在谎言中，只是为了获得晋升。

幸运的是我没有放弃。我不只是说："嗯，这对外向者来说是好事，但不适合我。"我学会了根据自己的性格对这些最佳建议进行调整，并将它们添加到我的技能库中。我意识到，这些建议都是为了让外向者发挥出最好的一面，而这也是我的需求。我的目标是以内向而非外向的方式建立人际关系网。最重要的是与真实的人建立真正的关系。这是内向者擅长的，它可以让我们成为最好的交际者，同时在这个过程中做真实的自己。

5. 内向者永远比外向者"更有深度"

内向者通常不喜欢闲聊。我们可以跟你闲聊，但坚持不了多久。我们的目的是深入了解一些事情，比如那些最近一直在思考的事情，面临的挑战，或者对未来的梦想。闲聊可以为更深层次的探讨做好铺垫，所以我们会为此而参与到闲聊中。

换句话说，比起"闲聊"，我们更喜欢"深谈"。这两种方式我们都擅长，但我们绝对更喜欢"深谈"。

这就是为什么人们认为内向者比外向者更有深度，但这通常只是路径的不同。神经学研究发现，内向者和外向者在社交互动后都会感觉很好，但是，我们的社交互动量要比外向者的少得多。[7]外向者从互动本身获得更多回报，而我们则需要花时间来处理自己从较短的对话中学到的东西。

就像开车去邻州度假一样。外向者可能会想走州际公路，这样就可以很快到达那里，他们会期待着到达后可以做些什么。内向者则可能会选择风景优美的路线，因为一路上都有宝藏等待发现。我们选择了不同的路径，却殊途同归。

6. 比起交谈，内向者更喜欢倾听

作为内向者，若不是有话要说，我们通常是不会开口的。但是，一旦整理好自己的想法，我们就非常愿意分享。外向者不介意大声说出自己的想法，所以我们更常听到他们的想法也就不足为奇了。

我们可以详细阐述自己所热衷的事情，但会很在意这些表述给人的印象。我们会观察对方的反应，如果频繁被对方打断，我们通常会停下来。我们说出的几句话里凝聚了很多心思，如果有人把我们话语间的短暂停顿理解为让他们发表评论的信号，我们会感到沮丧。

与此同时，我们喜欢倾听，并且擅长倾听。我们对别人

的故事有一种天生的好奇心，喜欢听其中的细节。内向者听的比说的多，这往往与我们精力消耗的程度有关。我们处于社交刺激情境的时间越长，可用的词汇就越少。

当外向者看到我们不怎么说话时，他们通常会把这解读为气馁或沮丧的迹象。这并不代表我们不想和他们交谈，只意味着我们现在不想说话。通常，不说话只表明我们在思考或倾听。当我们有话要说的时候就会开口，说出来的通常是自己花时间思考过的，这样我们才能表述正确。

沉默对我们来说不是问题，它是我们的快乐所在。

要反驳长期存在的这些误解很难。如果人们相信自己是对的，他们通常不会在乎别人的意见。

但很多人相信某件事情，并不意味着它就是真的。社会在赏识内向者的价值方面已经取得了长足进步。在职场中，我们可能仍然能感受到人们对外向者的偏好，他们是善意的，对自己的偏见并不自知。这就是无意识偏见的本质。

6 个鲜为人知的真相

我们怎样才能帮助同事们了解关于内向者的真相呢？通过帮助他们看到他们和公司没有看到的东西。虽然每个人都不一样，但这 6 个真相通常适用于大多数内向者。

1. 内向者不想变成外向者

外向者可能会认为，如果内向者学着变得外向，会更快乐。简单地说，事实并非如此，这甚至是不可能的。一项研究表明，根据婴儿在四个月大时对刺激的反应，可以预测他们的性格。[8] 换句话说，我们的性格是与生俱来的。

作为内向者，我们有独特的技能，尤其在深度思考和制定策略方面，我们可以把这些技能带到任何团体中。我们能敏锐地观察正在发生的事情，知道如何很好地解读一个群体的动态。我们能为任何一项尝试做出实质性的贡献。

我们知道自己的优势在哪里，也不想换成其他的优势。诚然，我们知道自己可以不断提升谈话技巧，也知道自己永远是内向者。我们不需要变得更加外向才能成为优秀的团队成员。我们需要的是做自己。

2. 内向的人需要独处时间来补充能量

内向者和外向者之间最显著的区别可能在于获得能量的方式。两类人开展业务都需要能量，他们都可以把业务做得很好，但能量的来源却不同。外向者通过与他人互动来给自己赋能，我们内向者则通过远离他人和独处来赋能。

这并不意味着我们不喜欢社交。我们可能会出人意料地喜欢交际，并乐在其中，但这会让我们精疲力竭，我们需要独处的时间来喘口气，补充能量。独处能让我们重新找回自我。作家马蒂·奥尔森·兰妮说，外向者就像太阳能电池板，在户外获得能量，独处时则电力不足。内向者就像装有充电电池的手机，在公共场合工作得非常出色，但却会因为投入其中而耗尽电力。我们需要时间去充电和补充能量。[9]

3. 内向的人并不孤独，也不害羞

内向者通常是伟大的公众演说家，在社交场合也能表现得很好。我们有深交的朋友，但与外向者相比，我们的朋友圈要小得多。我们宁愿只有几个亲密朋友，也不愿有一大堆泛泛之交，这是质量与数量的问题。建立关系是一种投资，我们希望这种投资有好的收益。我们能投入的精力是有限的，它必须投资得有价值。

既然我们知道自己能量有限，那么就会在使用的时候小心谨慎。我们通常不会很快分享自己的感受，而是更喜欢通过行动来表达我们有多在乎。有位内向者说过："你要知道，如果你出现在我们的生活中，说明你对我们很重要。我们不会随便接纳任何人。"

4. 内向的人通常更喜欢写而不是说

如果有人给我们留了语音信息，而我们回复的是短信

或电子邮件，他们不该感到惊讶。我们喜欢写是因为我们能用文字来编辑想要说的话，确保表达精准，这在现场对话中很难做到。研究表明内向者更多依赖于长期记忆而非短期记忆，所以我们需要花更长的时间来检索自己所需的信息和词语。这解释了为什么我们在说话的时候会迟疑。外向者更多依赖于短期记忆，所以能更快地存取所有信息。[10]

内向者很会思考。我们丰富的内心世界和众多想法让我们富有创造力和找到创造性解决方案的能力。我们把自己的想法写下来，让它们更容易理解，也更有条理，并且在这个过程中我们能理清思路。

5. 内向者需要有思考的时间

内向者通常不会很快给出答案。我们在处理问题的过程中会放慢速度，甚至会要求更多思考和回应的时间。我们不会提出自己的想法来让大家探讨，我们会先把事情想清楚，然后再分享自己精心构思的想法。

有时候在团队讨论中，我们会因为只顾着构思自己的想法而走神。这并不是因为周围发生的事情无趣，而是因为我们正在思考的东西更有趣。

内向者很难自然而然或在群体环境中产生创造力。我们倾听和观察，独自思考，然后再反馈自己的想法。此外，在大型团队讨论中，我们可能会晕头转向，但在小型团队中，我们能够坚持自己的观点，也能够与一两个人更好地互动。当我们能够独立思考时，我们才会呈现最佳状态。

内向者和外向者的基本差异

内向者喜欢处几个亲密朋友或独处，喜欢思考。外向者喜欢广泛交际，喜欢交谈。

内向者听的比说的多。外向者说的比听的多。（虽然他们都擅长听和说。）

内向者通过思考形成自己的想法。外向者通过交谈形成他们的想法。

内向者从独处中获得能量。外向者从社交互动中获得能量。

内向者外表安静，头脑却一直在运转。外向者喜欢交际，他们的思考更多地围绕着人际关系，而不是观点。

内向者通常不喜欢改变。外向者觉得改变不成问题。

内向者会和他们认识和信任的人谈论自己。外向者和任何人都可以分享自己的事情。

内向者可以专注于任何事情。外向者很容易分心。

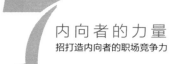
6. 内向者独自在安静的环境中时工作效率最高

内向者喜欢平静且少有刺激的环境。我们中的一些人比其他人更能忍受混乱的环境，但当我们在嘈杂的环境中、在人群中或与陌生人一起待得太久时，大多会患上"内向者宿醉"。

我们越是与世隔绝，就越能深度专注，工作状态就越容易达到最佳。我们可能会觉得更有创造力，冒出更多独特的想法。我们往往会更专注，这样就能更快地完成工作。我们知道如何与团队合作，但也认识到会议结束后需要一段安静的时间来整理思路。

我们中的许多人在嘈杂的环境中会感到特别疲惫。如果我们的工作团队一起去一家拥挤的餐厅，必须大喊大叫才能听到彼此，那么我们的精力就会呈指数级下降。我们可能会去几次洗手间，这可不是因为我们真的要上厕所，只是为了给自己充电几分钟。

当人们对内向者有无意识偏见时，除非有人指出来，否则他们不会认识到自己认知上的偏差。与此同时，他们可能会忽略真相，这让他们无法挖掘到内向者身上那些鲜为人知的优势。我们自己也会忽视自己的优势，特别是当我们处于到处都是无意识偏见的环境中时。我们可能需要提醒自己，这样我们才能充分认识到自己可以在工作中发挥的优势。

　　当我们准确地看待自己和彼此，消弭误解，强调真相时，每个人都能因此受益。当我们这样做时，就有了产生影响力的基础。

4 如何自我对话

对一个几乎时刻都在担心的人说"不用担心",我觉得这太过分了。

佚名

你是自己的朋友吗?

想想生活中那些被你当成朋友的人。他们是与你一起生活、交流和成长的人。某种意义上说,你找到了与他们的共同点,你们因为这些共同点联系在一起。如果你有一段时间没和他们交谈了,内心一定会有某种东西让你想要找他们聊聊。如果你和他们一起待上一段时间,离开时你通常会觉得自己比以前更强大了。

当然,你们会有分歧,也会有沮丧的时刻。但你足够重视他们,所以会努力解决这些问题。当他们灰心丧气,面临不寻常的挑战时,你不会责备他们,也不会打击他们。你会尽自己所能鼓励他们,因为你关心他们。他们感觉很糟糕时，你往往会以实相告，这样他们就能更准确地认识自己，并且感觉好受一些。

他们也会这样对待你。

当然也会有例外，但真正的朋友会互相帮助，共渡难关。当一个人说"我这么做太蠢了"，或者"我什么都做不好"，真正的朋友不会回应说"是的。你说得对。你既愚蠢又无能。事实上，你还很丑，没有人喜欢你"。他们会质疑对方这些消极的想法，分析它们其实是错误的，并指出那些被对方忽略的积极方面。他们用真相来挑战谎言。

那为什么我们不能这样对待自己呢？

想想我们经常对自己说的话：

每个人都比我更自信。

在谈话中我的思维总是不够快。

我太安静了，所以我永远不会成功。

我无法改变自己的习惯。

对我来说改变已经太迟了。

我无法丢掉过去的包袱。没有人在乎我的想法。

如果这些话出自好朋友之口，你会指出他们对自己的看法言过其实了，你会引导他们看到积极的一面。你能理解他们的感受，但接下来你会关注真实的情况。你不会试图说服他们改变自己的感受，但会感同身受，引导他们更平和地看待现实。对吧？

当我们对自己说出这些消极的话时，会发生什么呢？如果周围没人给我们提供其他视角，我们就会相信这些想法。我们从来没有想过事实可能并非如此，所以不会提出疑惑，而这些想法就被我们当成了事实。我们对他人富有同情心，为什么却难以自我同情呢？

心理学家玛丽娜·克拉科夫斯基（Marina Krakovsky）将自我同情的最基本层面描述为"像对待朋友一样善待和理解自己"。她说："不接受自我同情的人并不一定缺乏对他人的同情，他们只是对自己的要求比对别人的要求更高。"[1]

为什么我们往往会相信所有关于自己的消极想法，但当别人有类似想法的时候，我们却能立刻看出问题？

有人说："永远不要一个人去潜水。"这句话非常有道理，当你在海洋深处时，如果出了什么问题，还有另一个人可以帮忙。同样，当我们独自陷入脑海中盘旋的想法时，很容易因为没人给我们提供其他视角而陷入有害的混乱思绪中。

也许是时候改变了，别再把我们关于自己的每一个想法都当成是千真万确的。是时候挑战这些想法了，是时候成为自己的朋友了。

别再听自己说，开始说给自己听

因为内向者不喜欢引人注目，所以周围的人并不总能注意到我们的贡献。当别人没注意到的时候，我们很容易觉得这是自己的问题，我们会以此来衡量自己的个人价值。消极、残酷的想法开始在我们的脑海里浮现。我们若不去质疑，它们就成了我们叙事的一部分，这直接决定了我们对自己的感觉。

这些感觉几乎都是消极的。

研究者兼作家沙德·黑姆施泰特（Shad Helmstetter）解释说，在18岁之前，平均每个人会被告知"不"或"不能做"达14.8万次。[2] 其中大部分来自兄弟姐妹、试图保护我们的父母、老师、同学、同事、广告和媒体。他们的本意可能是好的，但长年累月的重复会让我们的大脑对自己产生消极看法。事实上，研究表明，我们所思所想的事情中高达77%是消极的、不真实的和对我们不利的。重复会让它们成为现实。

与此同时，黑姆施泰特记录了无数成年人的例子，他们记不起何时有人对他们说过"可以"，即他们可以完成一些事情，他们本身就是有价值的。即使是那些在支持他们的环境中长大的人，他们的价值和成功得到过肯定，这些支持性言论加起来，和 14.8 万条负面信息相比，也显得微乎其微。大脑是怎么运作的呢？"它只相信你最常告诉它的内容。你告诉它你是怎样的，它就会创造出这样的形象。它别无选择。"[3]

我们的大脑只是按照指令行事，它们接收到的信息决定了我们的思维方式。

如果这一切都是真的，*如果我们可以改变脚本，那么会发生什么呢？*

我们都常有这样的经历，会自动用消极的对白来回应发生在自己身上的事情：

- 我们在人行道上摔了一跤，会对自己说："你真是笨手笨脚。"
- 我们的头撞到了柜子，会对自己说："你这是怎么了？"
- 我们丢了车钥匙，会对自己说："又丢了？你什么都做不好。"
- 我们的孩子开始排斥我们，我们会认为："我真没用。"

作家罗伯特·沃格茅斯（Robert Wolgemuth）引用了威尔士传教士钟马田（Martyn Lloyd-Jones）的一段话："你有没有意识到，你生活中大多数的不快乐都是因为你总是在听自己说，而不是说给自己听？"[4]他认为，我们在早上醒来时，先前的想法就会对我们说话，让我们想起昨天遭遇的问题。我们要做的是质疑这些想法，与它们抗衡，用事实加以反击。

大多数内向者长期以来使用同样的脚本，即我们"不如别人"，以至于我们常常觉得不可能还有其他脚本。我们的默认模式是对任何情形都感到遗憾，对自己是内向者感到遗憾，或对自己做过的事感到遗憾。判断上出个小错就会成为羞愧的主要来源，我们会在脑海中不断回放这次错误，持续数周、数月，甚至数年。这样的重复强化着我们的失败者角色。

其实有更好的办法。

创建新的脚本

重写脚本涉及两个方面：

1．意识到我们不会再使用旧脚本。
2．认识到可以用新脚本来替换旧脚本。

比如说，当老板在一个重要会议上叫你发言时，你发现自己不知道该说什么。你只需要多花几秒钟来组织自己的想法，但是如果你没有回应，老板就会直接让其他人发言。

你觉得：*嗯，真是痛苦。* 你感到尴尬和丢脸。你认为房间里的每个人都关注到了你没有提供任何价值，而且你已经认定他们当时对你的看法就是：*真是个失败者。这样的人怎么会在我们团队里？*

还有可能变得更糟吗？当然，那就是你一遍又一遍地重温整个经历。每当痛苦的情景浮现在脑海，你就会强化对自己的负面看法。你不只是在回顾发生的事情，你还在强化你所认定的所有人对你的看法。你不再琢磨他们对你有怎样的感觉，你相信那一定是糟糕的感觉，而且随着时间的推移，会变得更为糟糕。第二天上班你会感到尴尬，因为你"知道"每个人都在想什么。

实际上，他们可能根本就没关注你。这件事只是他们雷达上的一个光点，他们都记得类似的事情也曾发生在自己身上。这是人人都有过的经历，但他们继续前行了。如果你不能继续前行，这件事就会影响你的情绪，伤害你的自尊，阻碍你未来做出贡献。

你该如何继续前行呢？体会自己的感受，同时用事实质疑它们。*这太尴尬了，我讨厌在我的老板和同事面前看起来像个傻瓜。但我不会停留在那种情况中，一遍又一遍地回顾当时的情形。他们对我的看法并不像我想的那么负面。都过去了，是时候继续前行了。*每当你发现那件事开始在头脑中重播时，就以此为"关闭视频"的契机，把注意力转移到你接下来应该关注的事情上。

不要忽视你的感受，而是要承认它们，体会它们，并用事实质疑它们。这是唯一能让你继续前行且避免沉湎于遗憾的方法。如果你压抑或忽视这些感受，它们会变本加厉地不断困扰你。

如何放下消极的自我对话

如何应对我们一直以来的消极的自我对话呢？我们能否简单地下决心换一种方式思考，然后一切都奇迹般地好起来？这就好比一艘横渡太平洋的远洋客轮决定改变航向。船长不会转动船舵，让船立刻掉头。这是一个循序渐进的过程，需要时间，但随着时间的推移，坚持不懈的小改变会让我们得到想要的结果。

作家戴芙妮·露丝·金玛（Daphne Rose Kingma）说过："不放手就是永远活在过去，放手方能懂得还有明天。"[5] 我们本能地知道这一点，这就是为什么那么多人喜欢《冰雪奇缘》中的《随它去吧》这一歌曲。改变每时每刻都在发生。我们反复做出这样的决定，直到养成新的习惯。

沃顿商学院教授亚当·格兰特描述了追求新方向的必要性："回顾自己的错误不是为了羞辱过去的自己，而是为了教育未来的自己。思维反刍是在反复思考哪里出了问题，而反思则是在寻找如何能做得更好的新见解。"[6]

"你无法挽回去年的局面，"他说，"你可以改善现在的局面。"[7]

我们很容易幻想自己未来会成为一个完美的人，然后责怪自己怎么还没有做到。要想改变消极的自我对话，第一步是敏锐地意识到我们每次对自己说的话都是苛刻的，然后以此为契机，质疑并改变对自己的这种想法。

当你发现自我对话的态度不友善时，试着用同样不友善的态度大声说出来。就好像是别人在用同样的语气对你这么说一样，听一听，感受如何？然后就像面对着那些苛刻对待你的人那样，回应说："你不能这样跟我说话！"这是用最恰当的方式为自己挺身而出。

临床心理学家斯蒂芬·海斯（Steven Hayes）将这些与自己的互动比作在你驾车时坐在后排不守规矩的乘客。"当然，你会听到身后的噪声和喧闹，但你会把注意力集中在前方的道路上。"[8]

这在任何情况下都适用，在职场尤为重要，因为你整天都在和同事、客户谈笑逗趣，根据他们对你说的话（或者你认为的他们对你的看法）来评估自己。

这么做听起来是不是很做作？并非如此。当你没有给予自己应有的尊重时，这是一种自我约束的方法。这是一种控制自己想法的方法，这样你就可以用诚实、真实和鼓舞人心的想法来取代它们。对于一个内向者来说，这是一种改变心态的方法。改变你的想法，这样就能改变你的选择，从而改变你的生活。这是学会在外向者的世界中蒸蒸日上的基础。

重建自我对话的技巧

如果你发现自己在说一些强化负面情绪的话，那么在这种情况下想要继续前行，能采取哪些切实可行的措施呢？

考虑以下这些选择：

• 说"就此打住"。一旦你发现对自己有消极的想法，就强力反击，大声说"就此打住"。就像你的好友总听你的消极言论最终受够了，说"就此打住"那样。这是一种个人干预，旨在打破难以摆脱的恶性循环。

• 与积极的人为伍。研究表明，听到别人怎么谈论我们，无论是正面信息还是负面信息，都会影响我们的自我对话。这并不是说我们可以无视现实地"积极思考"，而是应多花时间和那些在我们的生活中说出真相的人在一起，以抵消我们消极的自我对话。[9]

• 在自我对话中使用第二人称代词。不要说"我不该再纠结于我犯的错误"，而是用"你"这个词来给自己下达指令。"你不该再纠结于自己犯的错误。已经过去了，所以继续前行吧。"清楚地告诉自己要做什么，而不是仅仅希望下次能做得更好。想想如果有人问你："你认为我该怎么办？"你会怎么回答？你对他们的回应就是你应该对自己说的话。运动员为了确保最佳表现，就是这么做的，你也可以使用这一技巧。

• 让你那一闪而过的念头过去吧。当你发现有消极想法时，不要把它当作宠物那样喂它，养育它，陪它玩耍，要意识到这只是你脑海中闪过的一个念头，并不是事实，所以就让它过去吧，这样你就不会陷进去。

• 寻找能发挥你独特气质和技能的简单解决方案。每个人都需要努力才能在生活和工作中取得成功。你不需要变成另一个人，只需要学会如何利用自己的优势去处理那些棘手的事情。比如，如果电话推销是你工作的一部分，那么发一封精心推敲过的电子邮件给潜在客户来预热，为你的电话推销做好铺垫。如果你参加的会议或谈话不是由你把控时，那么制定好你自己的议程，这样你就能做好准备。

强有力的自我对话的关键

你是否把自己的内向看作一种负担？*就此打住*。确定你的内向中真实和积极的一面，并经常对自己说：

• 大家喜欢我是因为我很好相处。

- 我富有创造力和好奇心，这使我善于探索。

- 我思考问题很深入，所以我善于解决问题。

- 我是一个很好的倾听者，知道如何建立深厚的人际关系。

- 我能集中注意力，排除干扰。

始终重复对自己说这些。

在一个外向者的世界里，你在职场中创造的价值可能不会得到别人很多的肯定。但这并不代表这些价值不存在。与其担心别人怎么想，不如专注于自己的*能力*，成为你所在领域的世界级人才。积极主动地规划你的职业道路。不要炫耀你的学问，只要确保对自己从事的事情在行。

然后运用你的内向超能力让自己变得引人注目，让自己所遇到的每个人的生活都有所不同。不要试图让自己看起来很好，而要能让别人看起来很好。

这就是真正的人际关系，也是你在这个世界有所作为的方式。

内向者的力量

第二部分

7 个绝招

7 招打造内向者的职场竞争力

　　韦恩·格雷茨基（Wayne Gretzky）看上去从来都不像一个典型的冰球运动员。他自己的描述是："我看起来更像是在本地超市里为你打包的人。"[1]但是在1981~1982赛季，他进了92个球，打破了北美冰球联盟的纪录，赢得了"冰球大帝"的称号。40年后的今天，他仍被公认为史上最佳冰球运动员。

　　一名记者写道："格雷茨基的天赋，甚至可以说是天才之处，在于洞察……对于大多数球迷来说，有时甚至对于冰上运动员来说，冰球比赛通常看上去乱糟糟的。但是，格雷茨基能在混乱的表象下辨明赛场上的情况和动向，并且能比赛场上的其他人更快、更细致地预见将要发生的事。"[2]换句话说，他既不是场上滑行速度最快的，也不是准头最好的。他最大的优势在于掌握了预测冰球位置的能力。

　　这就是我们所说的绝招。格雷茨基研究、练习并掌握了这样的绝招，直至它成为比赛中的制胜内核。他没有停下来思考自己该做什么，只是在参加比赛，而他的绝招就是制胜的关键法宝。

《圣经》旧约中的《撒母耳记》讲述了大卫和巨人歌利亚对决的故事。歌利亚是一名训练有素的战士，他的形象和行为都符合这一角色，他披坚执锐，对自己的战斗技巧颇有自信。他历经多年战斗，仍得以幸存，这让他信心倍增。过去的战斗记录令他觉得自己更胜一筹。他高大魁梧，傲慢自大，声音洪亮，令人望而生畏。

大卫是个牧羊人，放了好多年的羊。他没有参与或领导作战的经验，平时只和羊群待在一起。但他没有被歌利亚吓倒，因为他清楚自己的技能。

如果把歌利亚和大卫的简历并排放在一起，不难猜到谁能得到人力资源部门的青睐，获得职位。（听起来就像在面试完一个喜欢社交的外向者之后，又面试了一个沉默寡言、思考缜密的内向者，对吗？）

大卫无法以歌利亚的方式与他对决，但他练就了一项技能，仅一招就能让他制敌。他有一种歌利亚永远不会考虑使用的武器，并且在使用方面已经出神入化。

他有一个投石器，还有几块光滑的石头。

与歌利亚拥有的资源相比，这听起来不算什么。区别在于，大卫已经掌握了他的技能。多年来，他一直要做的事情是让捕食者远离羊群，投石器是他的首选武器。他利用休息时间来练习，命中率越来越高。没有人能达到他的水平，这是他的独门绝招。对决中，他把这种技能用到巨人身上，就像他保护羊群时做的那样。

当内向者在他们本身所具备的技能方面成为顶级人物时，他们不仅能存活下来，还能蒸蒸日上。在本节，我们将探讨内向者的 7 个绝招，用内向者独特的方式掌握它们，使之成为在任何情境下取得成功的基础。它们包括：

1．学会外向者的语言。

2．为达到最佳表现而进行精力管理。

3．循循善诱地影响他人。

4．建立信任。

5．培养情商。

6．打造你的工作环境。

7．为确保成功刻意准备。

作为内向者，我们可以直接学习一些能让自己蒸蒸日上的具体窍门和沟通技巧。如果没有这些绝招作为基础，我们的学习效果将微乎其微且稍纵即逝。我们需要由内而外，先把能力和实力培养起来，才能将它们付诸实践。我们要不断磨炼这些技能，直到它们成为我们的第二天性。

　　围绕这些绝招建立起你的专门技能，你将能够处理任何情况下出现的任何问题。你将在任何环境下成为史上最佳。

1 学会外向者的语言

天生内向，但有选择地外向。

佚名

———————

我一直希望自己能说另一门语言。我并不确定为什么会有这种想法，但我能确定的是，我觉得交谈的时候能够用对方的语言是件很酷的事情。我在高中学了 4 年德语，如今还记得一些短语，但不足以进行对话。（我最爱的一句德语是"我找不到我的套鞋了。"住在不怎么下雨的南加州，我甚至都不知道套鞋是什么。）

问题是在我长大的凤凰城，讲德语的人并不多，所以我没法练习。我想，唯一能让我学会德语的方法就是搬到一个人人都讲德语的地方，比如德国。

我的儿子蒂姆说得一口流利的西班牙语。他大学时的第一份工作是在圣地亚哥一家意大利餐馆当厨工，其他厨工都是墨西哥人，不会说英语。

他喜欢自己的同事们，希望与他们交往，所以他学了一些西班牙语，足以和他们进行简单的交谈。但是，他想做的不只是简单寒暄几句。他想了解的不仅仅是他们的语言，还有他们的文化，他们的生活方式和思维方式。他视他们为朋友。

于是他搬去了墨西哥，花了大约 6 个月的时间上课，沉浸式学习西班牙语，然后在当地一家教会做了几个月义工，在那里他每天都可以运用自己的语言技能。他在那里遇到了露西，这位了不起的女士在 6 年后成为他的妻子。她不会说英语，所以蒂姆和她用西班牙语交流。他们回到美国后，蒂姆继续在圣地亚哥经营餐馆，这意味着他的大部分员工都是墨西哥人。在过去 20 多年里，他每天大部分时间都在说西班牙语。

为什么他能把西班牙语说得如此流利，而我却说不好德语呢？这是有原因的。对蒂姆来说，这不仅仅是在学习另一门语言，而是在进行一种超越语言的跨文化交流。这关乎与真实的人建立真实的关系，意味着学习可以将他们联系起来。

假设你要移居另一个国家，那里的每个人都说着与你的母语不同的语言，那么你会怎么做呢？你有以下两个选项：

1. 你可以说："我不会也不想说那种语言。如果他们想和我说话，他们需要学习我的语言。"

2. 你可以竭尽所能，尽可能快速、全面地学习他们的语言。你会去上课，与别人交谈，练习。你会从每一次尝试与他人交往的努力中学习，并在此过程中建立人际关系。

第一个选项可能在几天内行得通，但如果你需要做成任何事情，这一选择就会变得不切实际。因为那些异国他乡的人和你非亲非故，他们自然没有动力去努力学习你的语言。

第二个选项合情合理。你可以从小处做起，学习生存所需的最重要的词汇和短语，比如"早上好""谢谢"和"洗手间在哪里？"别人会立即意识到你在尝试说他们的语言，而且大多数人会很欣赏你的努力。你必然能逐渐学会这种语言。通过经常使用这种语言，你会逐渐了解当地文化并学会跨文化交流。

在异国他乡生活，掌握当地的语言是一个明显的优势。作为一个内向者，我们与外向者相处的第一个绝招是成为双语者——学会"说他们的语言"。

学会外向者的语言

研究表明，高达 50% 的美国人是偏内向的，另外 50%

偏外向。显然，内向和外向的程度各不相同，但有很多人偏向其中一方。而且，大多数人并非一直都是纯粹的内向者或外向者。内向者可能更喜欢安静地独自工作，但他们也因此有了在会议上发言的信心。一个外向者可能会忍住不说自己的想法，以便接受他人的观点。

作为一个内向者，你日常的社会生活便是一种跨文化交流的练习。异国有异国独特的文化，美国的内向者就像是生活在以"外向"为母语的异国一样。让我们再来看看另外两个关于"外语"的选项，这次是根据性格特点来区分的外语：

1．你可以抱怨人们没有看到内向者带给世界的价值，抱怨他们需要觉醒并认识到内向者的价值。

2．你可以集中精力，尽可能快速、全面地学习外向者的语言。你可能永远也不会成为一个外向者，但你可以用"第二语言"来交流。在这个过程中，你将学会了解他们的文化，关心他们，尊重他们的本来面目，而不会为其所扰。

换句话说，如果你选择了第二选项，你不仅仅会获得双语能力，还能学会跨文化交流，这样你就能建立起充满诚意、相互尊重和让你有所收获的人际关系。

为什么要由我来付出努力？ 你会这么想。*这不是双方都应*

该做的吗？为什么外向者不能努力来了解我？ 是的，这样当然是最好不过的。但感受到痛楚的人是我们，而非他们。我们有动机，也会有回报。

纳尔逊·曼德拉（Nelson Mandela）说过："如果你用对方听得懂的语言和他沟通，那么你的话会进入他的大脑；如果你用对方的母语和他沟通，那么你的话会进入他的内心。"[1]

就像我儿子整天和说不同语言的人一起工作一样，我们每天都被"不讲内向者语言的人"包围着。我们能融入的唯一方法就是采取主动，率先付出努力而不是期待对方这么做。

会有什么回报？

"学会外向者的语言听起来是一项艰巨的工程，"你会问，"这样做值得吗？"这是个好问题，我在学习另一门语言时也这么问过自己。我很享受高中时的德语课，也很想把德语说好。如果我想要移居德国，我就会有学习动力了。但除非有什么变动，否则我可能不会把学会德语作为目标。每个人的生命都有限，我们必须选择自己想要的目标，这样才能全情投入。对我来说，学会德语不在目标之列。

解读外向者的话语

学习外向者的语言和学习外语不同。在学习外向者的语言时，我们会发现词语都能听懂，但他们使用的语言模式和我们不同：

• 外向者说话时往往会用很多词。内向者往往简明扼要，用更少的词来表达观点。听听用词"很多"的表述，看看如何能将其翻译成用词"更少"的表述。

• 外向者会使用更抽象的语言："那个视频真的很棒。"内向者则会使用更具体的语言："那个视频中的最后一点真是让人大开眼界。"如果一个外向者说某件事"很棒"，那么让他们说得再深入点："是什么让你觉得它很棒？"

• 内向者会使用更多诸如"或许"之类的缓和语气的词。外向者会说："我们去吃点东西吧。"而内向者会说："或许我们可以去吃三明治。"

• 外向者会使用更多有关人际关系的词语。内向者会使用更多描述情境或信息的词语。

• 如果让内向者共处一室，他们会尝试解决一个问题："我得换辆车，因为油价太高了。"外向者则会关注那些有趣的话题，如"我想去钓鱼"或者"我想知道那个新的购物中心建成后会有哪些商店入驻"。

• 外向者更注重享受生活。内向者则想知道在大多数话题的表面之下发生着什么。

• 外向者倾向于使用复数词:"我们状态很好。"内向者则往往使用单数词:"我很享受这次活动。"

留意外向者所说的每一句话,这些话可能会有言外之意。如果你不确定,不要犹豫,请他们解释一下。

但当我思考这个问题时,我意识到自己一生都在学习一门外语——外向者的语言。在我生活的世界里,大多数人都能自如地运用外向者的语言。我学习了外向者的语言,而且因为每天都与他们打交道,对他们有了更深入的了解。我了解了他们的爱好、驱动力、天生的行为模式和习惯。我已经能熟练运用外向者的语言了,但它永远只是我的第二语言。

我花时间学习了如何在一个外向者的世界里生活,而不是成为外向者。在选择用词和表达方式的时候,我会以外向者为重,而不仅仅是以我为重。学习他们的语言让我有机会与一些过去可能并未注意到的杰出人士建立关系。

对于内向者来说,学习另一门语言还有很多其他的好处,无论学的是外国人的语言还是不同性格的人的语言。

我们变得更加善于观察。

当我们无法用语言进行交流时，我们会更加注意他人的面部表情、肢体语言和微手势。我们需要这些线索来和对方沟通，我们会开始寻找能够让自己识别对方意图的方式。当我们的儿媳露西第一次来美国时，我和太太就是这么做的。我们听不懂她的语言，但可以通过观察和相处来读懂她想说什么。

内向者天生就对周遭发生的事情敏感，这是语言不通时进行沟通的完美工具。

我们解决问题的技能大有长进。

跨文化交流并不是按照 5 个步骤逐个去做就能看到永久的效果。我们学习在另一种语言中适用的词汇和短语，并试着运用它们，然后观察别人的反应，看看我们是否用对了。如果没用对，我们就会找出沟通产生障碍的地方，试着换一种表达方式。梳理这些可选的表达方式需要时间和精力，每次我们重复这个过程，都会在寻找最优解决方案方面获得更多的技能。

露西开始学习英语时就是这样和我们沟通的。因为我们的家庭对她来说是一个安全的环境，她可以无所畏惧地试验和犯错。

我们可以更好地使用自己的语言。

我们对自己的语言很熟悉，因为我们一直在用。这并不意味着我们一定就能正确或恰当地运用它。我们经常会用错，人们可能会因此受到伤害，或是误解我们的意图。学习另一种语言的过程需要用心选择准确的交流方式。当反复这么做时，我们在使用自己的语言时也会如此。我们会发现自己在寻找更精准的沟通方式。

我儿子从墨西哥回来的几个月后，和几名厨工用西班牙语交谈。其中一名厨工评价道："你的西班牙语比我们的还要好！"这件事提醒我们，生活中交流无处不在，学习如何准确有效地使用任何一种语言的努力是值得的。

我们会了解文化差异。

世界上有许多不同的文化群体，但大部分我们都不了解。如果我们积极尝试学习一种特定的语言，我们会自然而然开始关注说这种语言的人。每当我们关注另一种文化时，就会开始注意到它与我们自己文化之间的差异。我们越关注这些人，他们就变得越"真实"，我们就越能了解他们的想法，与他们交流也会变得越容易。我们注意到他们"和我们一样，但又有所不同"。欣然接受这些差异让我们能走到一起。

我们的大脑会发生变化。

学习外语的好处不仅仅在于让我们旅行时更轻松，能看懂不带字幕的外语电影，它还能改变我们大脑的工作方式，能助力我们（被动）听和读，以及（主动）说和写。

研究发现，学习多种语言的过程就像是在锻炼我们大脑的灰质区域——帮助我们思考、集中注意力、记忆和处理他人话语的部分。一项研究表明：一个人的技能最终达到多么精通的程度并不重要；大脑功能的增强来自于学习的过程，而非结果。[2]

为什么要成为双语者？

学习外向者的说话方式是内向者的绝佳语言选择。这一过程不仅能让我们了解外向者的用词习惯和思考方式，还能与我们的独特技能完美契合：

- 它能调动我们天生的倾听能力。
- 它能促使我们专注于外向者说的话，把注意力从我们自己身上转移到对方身上。
- 提出带有目的性的问题，并且事先在脑子里准备好议题，这样很容易就能和外向者交谈起来，因为他们通常喜欢与他人交流。（我们不必担心会打扰他们。）

- 当我们开始交谈时，我们能发挥自己的最佳优势。

- 我们不必假装自己是外向者，在他人面前只需做自己就好。交谈中感到不舒服的通常是我们，而不是他们。我们在交谈时无须揣测他们的反应。

- 想要进入外向者的世界，最容易的方式是和他们进行最简单的交谈。这有点像第一次跳伞，最艰难的时刻是跳出飞机的那一刻，一旦我们跳了出去，迎接自己的将是一个全新的世界。

- 内向者天生善于探索，所以我们不需要准备话题清单。我们可以提问，认真倾听，自然而然地跟进。

我们该怎么做？

作为内向者，有很多事可以简化我们学习外向者语言的过程：

- 承担一些小风险。想一件我们做起来可能会有些不舒服的事情，试验一下是不是果真如此。做了几次之后，我们就不会觉得做这件事有什么风险了，然后我们可以去尝试些别的事情。比如，我们可以询问外向者："我注意到你手头有这次会议的议程单，一定是发放的时候我错过了。可以借用一下你的吗？让我了解一下今天的会议要做什么。"

- 经常练习。每件事重复得越多就会变得越容易。我们遇到人的时候，比如杂货店的收银员，咖啡店的咖啡师，或者排队时站在旁边的人，可以找机会问他们一个简单的问题。问题要短，要简单，经常找机会做这样的练习。

• 阅读他们写的东西。在工作环境中，我们看看能否在社交媒体或公司简报上找到同事或经理写的文章，也可以研究他们发来的邮件。这能让我们了解这个人看重什么，以及他们是如何沟通的，这可以指导我们与他们的交流。

• 主动提出由你来做会议记录或者观察可能被忽视的动态。做记录就是我们为会议做贡献的方式，这样我们就不会觉得自己还有发言的义务了。担当观察员能够帮助领导发现可能被忽略的有价值的贡献。他们可能会认为会议进行得很顺利，因为外向者在发言分享时能量满满，但在这种场合下，较为安静的人可能就不会表达他们的重要想法。我们甚至可以在会后与那些安静的人聊一聊，了解他们的想法，整理出来，并提交一个总结给领导。我们可以问问领导，要不要在会后让与会人员说说他们可能有的想法，并让我们负责收集。几天后我们可以发一封邮件，提醒大家提交想法。

• 放弃完美。内向者往往会重温那些不顺利的交流时刻，觉得别人会视自己为失败者。盯着错误不放会阻碍我们前进和成长。想一想，一个蹒跚学步的孩子，在学走路的时候经常会跌倒，这很疼，但学习的渴望让他们一次又一次重新站起来。正如有人所说："如果你跌倒了，就让这个动作成为舞

蹈的一部分。"

• 记住，微笑是大家共有的语言。经常微笑吧，相视而笑就像是在情感上握了手，让我们可以找到与他人的共同之处。

迈出第一步

重要的是过程，而不是结果。没有人能在一夜之间精通另一种语言，无论是外语还是另一种性格的人的语言。这似乎要花很多时间，但这并不意味着我们应该放弃。我们尽可能地持续，小步前进，相信随着时间的推移，就能看到复利效果。

会产生哪些效果呢？我们将拥有在任何情境下都能无所畏惧地进行有效沟通的工具。

2 为达到最佳表现而进行精力管理

内向者不会为聚会做准备，他们会为聚会养精蓄锐。

佚名

———

如果老板跟你说："我要派你去上时间管理课程。"你会做何反应？

大多数人都会觉得，*我可没空上时间管理课程*。他们有一长串的待办清单，似乎永远都有着做不完的事情，日程表上每个时间段都排得满满的，还不断有人提出新的要求。他们就好像被一堆不得不做的事情包围着，无论他们做了多少，事情还是那么多。

这就是为什么对大多数人来说"时间管理"通常带有负面含义，即使它看起来可能有帮助。人们会把时间管理和压力重重、不堪重负、缺乏掌控、任人摆布联系起来。在职场中，**我们会想**：*好吧，他们付我工资……所以我必须把所有工作都做完*。我们看不到任何出路，于是同意去上时间管理课程，希望能找到解决办法。

我教了 30 多年的时间管理课程，我可以向你保证，你没有办法通过上这个课找到解决方法。为什么？因为我们不可能做到。时间管理是个悖论，因为时间是无法被管理的。我们无法得到更多的时间，也无法存储时间，而且我们和地球上其他人拥有的时间量是一样的。

那么，为什么有些人能完成这么多工作，而有些人却不能呢？

我们唯一能掌控的是我们的选择。如果我们接下来有 10 分钟的空闲时间，那么我们可以选择如何利用这段时间。我们可以看视频，准备点零食，或者出去散步。我们可以和同事交流，大致聊聊即将开始的项目，或者给客户发一封邮件。我们是唯一能决定这 10 分钟价值的人，因为是我们决定如何利用这 10 分钟的。

要管理我们的时间，就需要管理我们的选择。

当我们要做的事情比自己可能完成的要多时，我们需要审视所有的可能性，并决定把重点放在哪里，以完成最重要的事情。我们的选择决定了我们的成果，以及我们的心智和幸福。

精力——内向者的不确定因素

内向者和外向者拥有同样多的时间，都必须选择如何利用这些时间。但对内向者来说，还有另一个可变因素：*我们的精力*。

精力补充方式是内向性格和外向性格之间的主要差异所在。我们在社交场合都会耗费精力，就像车辆行驶时都会消耗燃料一样。外向者和内向者都需要补充精力。差异就在于补充精力的方式：外向者需要与他人共处，而内向者需要独处。

想想风靡一时的能量饮料。我们精力不足时，会忍不住去便利店买一罐，希望它能给我们补给能量。对外向者来说，一罐能量饮料是让他们的快节奏再持续一段时间的方式；对内向者来说，它是我们精疲力竭时再振作一会儿的方式。这两种情况下，能量饮料都是短期解决方式。想象一下，这就像是往汽车油箱里加一加仑汽油，然后一直开到汽油耗尽，再加一加仑继续开，如此往复。明智的做法是，停下来把油箱加满，这样我们就不用一次次停下来加油了。

对于内向者和外向者来说，补充精力的方式不同，尽管可能并不明显。我们可能会看到外向者在群体中获得能量的方式，然后就认为自己也需要这样做。但我们天生就不适合这种方式。如果我们不特意找机会独处，我们的燃油就会耗尽。

有这样一种说法：每颗钻石都是经受了巨大的压力，经历了漫长的岁月才形成的。在职场，这意味着如果想获得成功，就必须承受不断的压力。当内向者听到这句话会产生放弃的念头，然后在接下来的 3 个月里狂刷视频。

对于内向者来说，更适用的说法是：面团需要静置足够长的时间才能醒发好。跳过这一步或试图缩短这个过程，最终烤不出蓬松煊软的面包，只会得到一大块儿死面饼。这听起来有悖常理，但内向者得靠放松休息才能获得生机。这并不是说我们在该完成工作时偷懒或低效，而是说放松休息是我们取得成功的精力之源。

如果真是这样，休息就应该成为内向者的头等大事。

这就是为什么我们如果在职场中假装自己是外向者只会适得其反。因为我们不能只模仿外向者的行为和态度，我们还不得不按照他们的方式补充精力。如果我们这样做了，就会耗尽自己的精力。

对内向者来说，精力管理并不是可有可无的，它对我们的生存和发展都至关重要。这就是为什么精力管理是我们在职场或生活的任何领域取得成功的第 2 个绝招。

提高工作中的续航能力

想想那些内向者需要耗费精力的工作场合：

• 参加会议，特别是被要求在会上发表意见时。

• 参加那些日程很紧凑且参与度要求很高的会议。

• 通宵赶路去参加会议或做演讲，要面对机场拥挤的人群，要中途转机，要准时到达目的地，要克服时差导致的疲乏，还要应对参会或演讲时的交流。

• 在平时午休恢复精力的时段参加午餐会。

• 与闲逛的客户交流，对方想一直聊下去，没有结束的迹象。

• 不断地接听电话或进行视频通话。

• 进入休息室，却因环境嘈杂无法休息。

• 决定下班后要不要和一帮同事出去活动。

• 参加团建。

• 居家办公，但要让其他团队成员看到我们在线，还要让老板知道我们工作很投入。

• 在令人精疲力竭的开放式办公环境中，找时间集中精力完成工作。

这些都是职场中经常会遇到的事情，但它们都具有浓厚的外向气息。不是说这些事情一定不好，只是没有顾及内向者独特的工作风格。因此，外向者能在具有外向气息的环境中毫无阻力地工作，而内向者却必须耗费更多的精力来完成工作。

内向者常常会想，*我只要完成接下来的事情，就能放松了。*我们抱着未来会更好的想法，处理着一次次危机，面对着一个个挑战。问题在于，自己正常的工作方式因此而打乱，生活质量因此而降低。总是承受着当下的压力，追求着风平浪静且尽在掌控的未来，但这样的未来永远都没有到来。

大多数人都根据自己的可用时间来安排日程表。对于别人提出的要求，他们如果有空闲时间，就会答应下来，他们心里想的是：*好吧，我想我有空，所以我得答应他们。*更好的方法是，根据需要耗费的精力和那时自己大致的精力状态来决定是否答应。

比如，如果连着开了 3 个小时的在线会议，之后有 1 个小时的空闲时间，那么内向者很容易会应别人的要求，再塞进另一项日程。更具创意、更现实的安排是将这一小时完全腾出来做一些能让自己补充精力的事情。可以读一些一直想读的文章，清理一些旧邮件，看一节之前注册的线上视频课程。没有哪个选择是"正确"的，只要能给自己补充能量就可以。也可以把这类事情列入日程表，这样一来，有人要求我们做点什么的时候，就可以回答："我已经有其他安排了。"

精力管理重在选择

精力管理的关键是什么？厄尔·南丁格尔（Earl Nightingale）说过："看看大多数人在做什么，然后反其道而行之，这样你可能一辈子都不会犯错。"[1] 如果内向者模仿外向者的补充能量方式，就会精疲力竭，生活在持续的精力危机中。关键在于，内向者要质疑这些选择，然后找到新的、富有创造力的和独特的替代选项。我们要认识到自己能做出不同的选择，然后每天迈出一小步，将这些选择付诸实践。

内向者可以做出"反其道而行之"的选择，以下是一些例子。

学会说"不"。

史蒂芬·柯维曾经说过："当内心深处燃烧着'是'的时候，很容易说出'不'！"[2] 如果我们非常清楚自己真正热爱的目标，那么就能拒绝其他的好机会。

快人一步规划好自己的日程表。

在一周开始前就做好周计划，日程表上也要为自己预留出时间，这样自己的时间就不会被他人的要求挤占。然后可以在每天开始之前对计划稍作调整。

内向者会留出时间来聚焦某个项目，会安排时间与人交流、参加会议，也要重视日程表上给自己补充能量的那些事项，把它们当作和老板的会议同等重要。如果有人说："我明早 9 点钟给你打电话。"而自己已经安排了在那个时间给自己充电，就可以回复说："那个时间我已经有安排了，不过 11 点至 11 点半我有时间。这个时段你可以吗？"不需要解释或证明什么，只需告诉对方明早 9 点钟不行。

评估需要耗费多少精力。

每当机会出现，内向者有权选择接受还是拒绝，别再不假思索就选择接受。我们可以问自己以下这些问题，先评估一下这一机会：

- 这件事会耗费掉多少精力？
- 那时我是否有那么多的精力？
- 之后我能很快恢复精力吗？
- 这么做是否将我的时间价值发挥到了最大？
- 如果我接受这个机会，我会因为这个决定而感到充满活力还是精疲力竭？
- 做完这件事之后我会充满活力还是精疲力竭？

有时候，内向者没有说"不"的权力。在这些情况下，可以开始好好想想创造性的方法，最大限度地利用自己的精力资源，以一种能更有活力而非耗尽精力的方法来完成这项任务。比如，可以在任务之前和之后预留缓冲时间，在中间安排一些休息时间。

让身体动起来。

无论是办公室办公还是居家办公，我们都可以定期站起来动一动。可以设置定时器、闹钟，或者佩戴健身追踪器，每隔一段时间就提醒自己起身动一动。内向者很容易沉浸到一项引人入胜的工作中，但让自己的身体动起来也很重要。我们可以绕办公室走一圈，（走楼梯）去其他楼层上洗手间，或者离开家去外面走上 5 分钟。

补充精力与运动量无关，而是与频率有关。稍微动一动就能为我们的大脑充电，让自己重振旗鼓，继续投入工作。

躲避打扰。

如果在办公室工作时总被人打扰，我们可以另找一个地方工作一个小时左右。可以去楼里其他地方的空会议室，或者附近的咖啡店。把这一小时的工作当作重要会议一样安排到自己的日程表上，这样就能保护好这段时间。我们不需要告诉别人这段时间自己要做什么，就是有安排了。

避免仓促。

对于内向者来说，在压力之下工作尤其让人精疲力竭。

当然，有时因为项目要求或关键截止日期而别无选择。要克服这种压力，我们可以尽早为每件必须做的事做好准备，列出需要采取的步骤清单。还可以把这些步骤排到日程表上，保护好这些时间段，因为它们是我们在工作期间保持精力的关键。

思考优先。

内向者具有深度思考的独特能力，但我们也通常因此而无法做出快速反应。深度思考是内向者最重要的能力之一，所以必须想办法将其融入每一天。这不仅仅是抽出 15 分钟来思考一下，更意味着要有意识地在一天中留出足够的时间，让我们能周全地考虑每项任务。

"还有那么多事情要做，我已经不堪重负了。"内向者说，"如果我试着慢下来，我会更加不堪重负。"显然，我们不能把脚架到桌子上，盯着墙壁思考。

但是，如果我们能在活动和任务之间留出哪怕是很少的缓冲时间，我们就能在更短的时间内找到更好的解决方案和想法，因为这符合我们大脑的工作原理。这听起来有违常理，但缓冲时间能消除持续的紧迫感，缓解压力。因此，我们的精力，也就是我们的"每加仑可跑里程"，将呈指数级增长。

如何恢复精力

每当与他人互动时，内向者都在耗费精力。如果我们从事的工作需要不断与人互动（无论当面还是在线），我们会发现自己的精力值处于最低水平。不断被打扰的工厂工人也好，不能漏接来电的独资企业主也好，都是这样。当我们精力不足时，我们就需要尽快补充精力。有时这意味着要好好休息一段时间，而有时则只需要放松几分钟。

内向者在社交活动或会议上尤其会感到精疲力竭。如果我们需要恢复精力，我们可以去洗手间，或者在室外待几分钟再回去。比如，在会议休息期间，人们通常会在下一项议程开始之前与其他人交流。对于内向者来说，我们可以更简单地利用这段时间，比如穿过人群但刻意不停下来参与交谈。如果被人拦住，就说："嘿，很高兴见到你。我几分钟后就回来。"这么做不仅让自己得以从谈话中抽身出来，为下一次会面做准备，也让我们有机会活动一下身体。

以下这些观点，供内向者参考：

- 我们不去和外向者比较，他们与人交往的方式只适用于他们。我们不是他们，我们必须学会做自己，利用我们自己的优势。
- 我们认为停下来休息并不是浪费时间。休息一下能让我们表现最佳。

- 我们可以做一下精力预算，根据我们自己的经验决定自己可以付出多少精力，然后就按照这个预算行事。

- 我们可以找出哪些活动能让自己补充精力，然后多做一些类似活动。

- 我们可以给自己安排足够的"独处时间"，这样我们就能避免社交宿醉。

- 我们可以尽可能避开嘈杂拥挤的地方。把精力留给重要的事，而不是在一片噪声中将其耗尽。

- 如果我们在外面待到很晚，我们就不会提前安排任何事情。如果我们提早安排了一些事情，那么我们就不会在外面待到很晚。

- 我们可以尽可能通过一对一的谈话来完成事情，这样我们就不用经常参与较多人的讨论了。如果我们主动安排会面，那么会面的时间、时长、地点就能由我们来决定，这样我们就不用听从他人的安排了。

- 晚上我们可以不工作，比如不接听电话，不查看邮件。我们要保护好这段给自己补充能量的时间，以迎接第二天的工作。

- 当我们感觉精力下降时可以提前离开社交活动。没有人会注意到的，这样我们能保存好自己的精力。

做重要的事情

几年前，我曾听人说过："在你离开这个世界时，你的待办事项清单上还会有未完成的事情。要确保你做的是重要的事情。"这句话一直留在我脑海中，当我们说起人生中所做的选择时，它值得我们揣摩。你的人生将由你多年来所做的所有选择组合而成。在你的葬礼上，没有人会关心你完成了多少销量目标，或者你处理完了所有邮件，又或者你年复一年地获得了绩效奖。人们会记住的是你带给他们的感受。

内向者容易觉得生活没有成就感，因为我们总想要把事情都做完。当我们试图按照外向者的方式来做事时，就感觉丧失了为世界做出独特贡献的机会。我们全速前进，盘算着在退休时能有所收益。但通常会工作 50 年甚至更久，最终只留下一长串乏善可陈的人际关系和一些在根本无关紧要的事情上取得成功的记录。

不要试图往你的生活里塞进更多的事情，弄清什么人与什么事对你来说是最重要的，并专注于这些人和事。如果你在生活中以目标为导向，那么它会帮助你决定该怎样生活。正如希娜·艾扬格（Sheena Iyengar）教授所说："在选择的时候要更加挑剔。"[3]

时间不是金钱

想象一张百元大钞，它本身没有价值，只是一张以特定方式印刷出来的纸。但当你决定用这张纸做什么时，它的价值就出现了。

- 如果你用它去看电影，这张纸就有了娱乐的价值。
- 如果你用它买食物，它就有了营养的价值。
- 如果你把它给了需要它的人，你就赋予了它同情的价值。
- 如果你用它来支付车贷，它就有了作为交通工具的价值。

时间也是一样的。一分钟本身不具有价值，你选择用它做什么的时候，它的价值就出现了。

时间和金钱之间的区别在于你可以不把钱花出去，可以储蓄、投资，或者就把它放在抽屉里。而时间却不同，你会花掉你拥有的每一分钟。如果你没有决定好要用这一分钟来做什么，那么别人会替你做决定。

精力管理小贴士

不要试图用外向者的方法来补充精力，花更多的时间独处。

学会对更多事情说"不"。

在你的日程表上安排恢复精力的时间和留白时间。

多做能让你精力充沛的事情。

和其他内向者一起出去玩。

做一下"社交精力预算"，这样你的精力就不会透支。

有些选择会为你的生活增添能量，而有些选择则会消耗能量。如果你做出的选择只是让自己变得更高效，那么你可能会完成并勾掉待办清单上的更多事项，但这不会对你的整个人生有什么影响。没有意义的勾号就像参与奖的奖杯，虽然看上去不错，但没人会在意，而且产生不了什么影响。

内向者需要获取精力，不仅仅是为了把精力贮藏起来，而是为了用这些积攒起来的精力来改变他人的生活。正如华特·迪士尼（Walt Disney）所说："我拍电影不仅仅是为了赚钱，我赚钱是为了拍更多电影。"[4]

这是一生的旅程。

3 循循善诱地影响他人

如果你不活出独特的自己，你就永远无法影响这个世界。

佚名

———————

　　昨晚，我和太太去了一家十分高档的购物中心约会。我们不是去购物的，我们只想牵着手，在平日不常去的地方逛逛。这里的很多商店在比弗利山庄的罗迪欧大道上都见到过，有服装店、珠宝店、特色精品店和高雅的餐厅，店名都代表着财富和声望。

　　这里的一切都灯火通明，为了抓住路人的眼球，展示橱窗里充满了富有创意的设计元素。每一件陈列都如此之独特，让我们把之前看到的抛之脑后。为了吸引顾客进店，每家商店都挖空心思："嘿，来看一眼吧。我们棒极了，难道没打动你吗？"

　　确实打动了我们，也吸引了我们的注意力。但当我第二天回想这段经历时，脑海里没什么印象深刻的东西。我一点也没有贬低购物中心或商店的意思，因为我相信它们有很多东西正是一些人想要的。但不知为何，它们没有给我任何想要买东西的理由。我和太太都是内向者，我们感受到的是喧闹、杂乱和忙碌，这次约会中我们最喜欢的环节是逛完后安静地开车回家。

这让我联想到社交媒体。在社交媒体上博人眼球比言之有物更加重要。谁有最好的图片，谁就最引人注目。人们"大喊"是为了让别人听到他们的意见，那么如果你的声音不够大，就不会被注意到。

最后这个听上去就像是内向者的生活写照，对吧？我们置身于一个形象（我们给人的印象）往往比性格（我们的内在）更受人重视的世界。我们想有所作为，但我们很难与假新闻和标题党竞争。在这样的环境下，我们会忍不住表现得像个外向者，感觉这样就能像他们一样拥有影响力。但在大多数情况下，这并不是真正的影响力，而只是获得了关注而已。

发挥强大的影响力

尽管我们可以表现得像个外向者，而且有种场合也的确需要这样（之后会讨论），但我们坚持不了太久。我很喜欢作家凯特·琼斯（Kate Jones）的描述："对于一个内向者来说，长时间保持外向的状态就像整天用非惯用手写字一样。"[1]这会让人精疲力竭。

幸运的是，内向者有可能在喋喋不休的闲聊中抓住要点，给别人的生活带来真正的改变。实际上，我们在这方面有着得天独厚的优势。我们借助的并不是那些传统的工具，比如活力满满的谈话，以及在大团队中发挥最佳状态的能力。我们有第三个独一无二的绝招：*影响力*。它可以表现得温柔而安静，几乎不需要大张旗鼓。它可以悄无声息地在这个渴望启发和真相的世界里发挥作用。

通过影响力，内向者可以起到和外向者一样甚至更大的作用。我们不必不自然地去假装外向，而是可以为讨论带来实质性内容。我们不会到处去告诉别人他们该做什么，我们只是通过提问，发掘他们的观点并深入倾听，润物无声地影响他们。

如果我们*指示*某人去做某事，他们也照办了，那么事情是如何发生的就显而易见了："我这么做是因为你让我这么做的。"但如果我们*影响*某人去做某事，他们真的去做了，那么他们可能甚至都没有意识到我们在其中的作用。他们只会说："我这么做是因为我想这么做。"影响力要安静和微妙得多，它在幕后工作，推动事情水到渠成，这就是内向者的进攻战术。

作家西蒙·斯涅克（Simon Sinek）提出了推动事情发生的两种方法：启发和操纵。[2]

1. 启发。当我们深入了解别人的需求时，就会以一种完全符合他需求的方式去满足他。这需要时间，但影响是持久的。这是一种由内及外的方法，让一个人去做某件事情，因为他们想要去做。

2. 操纵（或说服）。这是指用语言或逻辑来让别人做我们想做的事情，尤其是在时间有限的情况下。这能速战速决，是一种由外及内的方法，说服别人，让他因为我们所说的话语做出回应。

内向者擅长启发，在需要时（通过练习）也有说服对方的能力，只是我们需要采取与外向者不同的方法。琼斯说过："作为内向者，在本质是性格比拼的事情上，我们没有足够的能力取胜。在这种时候，我们就像在试着下一盘棋，而我们拥有的只是小卒——胜算渺茫。要想获胜，我们需要玩一场不同的游戏。"[3]

我们中的大多数人可能会同意，与过去相比，我们对别人告诉我们的事情更加多疑了。我们中的许多人曾经都无条件地信任别人，但由于社交媒体、新闻网站的文章、政治宣传和哗众取宠的电视节目，我们在生活中的大多数领域都开始不信任别人所说的话。我们经历过太多的装腔作势和暗中操控，以至于我们几乎认为人们都在夸大事实或掩盖真相，即使是我们熟识的人也不例外。因此，许多人在听到真诚之声（而不是肤浅的空话）时，都会感到耳目一新。

启发他人是内向者的优势，说服他人则是外向者的强项。

令人振奋的是，这意味着内向者和外向者都可以做自己。当我们完全做自己并按照自己的独特风格行事时，我们就会获得他人的尊重。外向者可以提出令人信服的论点，迅速改变人们的想法，而内向者会和他人建立深厚的信任，但这需要更长的时间，所以他们也需要更长的时间才能获得他人的尊重。畅销书作家兼演说家霍利·格斯说过："现在我明白了，真正的影响力不在于获得关注，而在于建立联系。"[4]

言之有物

我们都遇到过这样的推销员，他们说话中听，让我们相信他们对我们极有兴趣，再进行推销，但是一旦成交（或者我们决定不买），他们就会卸下伪装。这样的体验让人觉得一切都是精心策划的，就像一个电影场景，看似真实，实则是假象。有时候对话是经过精心设计的，让人感觉十分真实，但内向者却能感觉到它只是虚有其表。

这是内向者的影响力绝招的一部分。我们能够悄无声息、循循善诱地影响他人。这结合了以下几个独特特征：

• 内向者是关注细节的专家。我们的观察力使我们能感知到谈话的真实走向。就像人类测谎仪一样，我们能察觉到故事是"编造的"。即使并非有意为之，我们也能捕捉到细微的手势和肢体语言，并借助这些细节判断出真相。一些外向者知道这一点，所以他们会有些害怕和内向者交谈。他们会觉得自己的动机暴露无遗，而且无力再加以掩饰。

• 内向者天生就善于倾听，这对我们来说毫不费力。这就解释了为什么我们通常在说话时难以做到眼神交流，而在倾听时却能很好地眼神交流。我们没有边听边构思接下去自己要说些什么，而是在利用我们所有的感官尽可能多地获取信息，以便深入理解对方传达的内容。

• 内向者在有话要说时才会开口。我们通常不太喜欢闲聊，但我们可以学会在外向环境中有效地闲聊，甚至享受其中。在这种情况下，我们是在通过闲聊建立联系和发展关系。与此同时，我们更喜欢听别人分享他们的想法，然后处理这些信息，直到我们可以加以利用。我们经常是最后一个分享观点的人，但大家已经意识到，我们所说的通常是经过深思熟

虑的，是值得探讨的。

· 内向者通常不会把自己的想法强加于别人。这可能是麻烦所在，因为我们的想法通常是达成创造性的可行方案所需要的。外向者经常在讨论中活力充沛，但没人会想到问问内向者的想法。这就是为什么我们有必要学习一些基本技能，精心设计，用令人舒服的方式来让别人接受我们的观点。（稍后我们会介绍这些技能。）

内向者能利用独特的技能在最高层次上影响他人。如果未经深思熟虑就把想法随意抛出来，我们会感到沮丧，就好像吃薯片和奶酪吃撑了，再也吃不下健康食品了一样。这种高层次影响力的关键在于认清内向者所能提供的价值，然后找到适合的方式来表达，让别人听到我们的想法。

正如作家杰夫·海曼（Jeff Hyman）教授所说："安静的人往往会一鸣惊人。"[5] 我们要做百分百的自己，但不要以此为借口不做贡献。这可以成为我们发展新技能的基础，让自己在谈话中被看到。

内向者用我们与生俱来的能力去启发别人做他们想做的事情，而外向者则更善于使用说服技能。但是，我们可以有意识地学习和提升说服技能，加以利用，让别人心服口服地采取行动。

采取效率最大化的策略

作为内向者，你的影响力来自你天生擅长的事情。以下这些能对他人产生影响的想法供你参考。

倾听，思考，然后回应。

我们通过倾听就能影响别人，因为他们难得有被倾听的体验。对他们来说，这意味着有人足够重视并愿意关注他们的想法。因为你花了时间去倾听别人的想法，他们也会来倾听你的想法。

这种模式的第一步是仔细深入地倾听。问一些澄清性问题，但不要带入自己的观点，你甚至可以写下他们所说的话，因为你重视他们的想法。第二步是回顾你听到的内容，以便为你的结论添砖加瓦。一旦你形成了自己的想法，就可以开始第三步：说出来与大家分享。这一步对你来说会是最不舒服的，但它可以将你脑海中的想法呈现出来，让别人因此受益。想要产生影响，这一步不可或缺，而且会让你因提出了有价值的意见而崭露头角。如果你的脑海里有个想法，它可能是个伟大的想法，但你不说出来就无人知晓。如果你愿意冒险分享出来，人们就会把你视为有价值的贡献者。他们会开始看到你的作用，并期待你提出更多的见解。

学会说外向者的语言，但不必一直都用他们的语言。

你永远都不必成为外向者，但确实需要学习他们的语言。如果你生来就内向，那么做自己才最能让你感受到安全、舒适、乐趣和成功。即使你学会了运用自己后天养成的外向技能，你也不必经常使用它们。大部分时间都用你的"母语"来交流，尤其是通过文字而不是口头交流的时候。在适当的时候选用外向技能，而其余时间，可以放松地做你自己。

和几个外向者建立稳固的关系。

只和内向者交往很容易，但如果内向者和外向者能够优势互补，在彼此高度尊重的情况下合作，真正的职场优势才能展现出来。在我的上一份工作中，我与一位性格外向且和我截然不同的同事建立了最强有力的合作关系。我们都惊叹于对方的能力，了解到对方所擅长的对自己来说完全是陌生的。我们都非常尊重对方，因此我们合力与客户建立了强大且有影响力的关系，在此过程中，我们成为挚友。

主动承担那些适合你独特性格的工作。

别指望别人给你安排适合你的工作。寻找一些可以发挥自己的深度思考力、写作优势和清晰思维的机会，也就是那些可以安安静静去做，主要靠自己一个人就能完成的事情，然后找个理由承担起这样的事情。你可以选择自己要做的工作，并积极主动去争取它，让自己能利用优势，以最佳状态工作。

有热爱，就有动力

每当我在企业举办为期数天的研讨课时，总有一些内容是我迫不及待想要教授的。我知道这个理念的潜在影响，它也切实给我的生活带来了变化。我意识到，一旦学员们理解并在实践中应用这个理念，他们将受益匪浅。这感觉就像正餐吃到一半的时候就吃上了甜点，太令人兴奋了。

与此同时，也有些内容对他人来说是有价值的，但我自己却不大感冒。因为它们是课堂教学内容的一部分，我不能跳过不讲，但是它们并没有改变我的生活，这感觉就像是到了吃抱子甘蓝的时刻。

在工作中，我们并不总是有选择的余地，做的事情也不可能都是我们喜欢的。尽可能试着做你热爱的事情，或者在你的日常工作中寻找兴奋点。在完成不那么令人兴奋的事务时维持好精力，根据需要留出时间来补充能量。

尽可能努力成为最好的内向者，将自己的独特优势融入

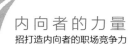

所有的工作事务和人际关系中。

同时，接受挑战，学习与外向者沟通的技能。不要把你的内向当作借口，而要把它当作改变世界、影响他人的助推器。在与你共事的人身上和你所做的事情中找到热爱，你就能顺顺利利地在外向者的世界里生存。这不是让你学习一些诸如什么时候该微笑，或如何定位自己的窍门和技巧，而是放松做自己，去影响别人，而不是被别人吓倒。

想想谁对你的影响最大

回顾过往的人生，想想谁对你的影响最大，谁帮助你成为今天的你。可能是那些关心你、相信你、倾听你的人。他们通常不会把自己的意图强加于你，如果他们这么做了，可能也就不会出现在你的影响者名单上了。

在大多数情况下，对你影响最大的都是真诚的人。他们不会假装成别人，他们完全做自己，不会逢场作戏。

这跟他们内向还是外向无关。最有影响力的人会尽可能做最好的自己，并有意识地关心周围的人。

做一个有影响力的人。

做你自己。

在做自己这件事情上，没人能比你做得更好。

工作中的五大优势和劣势

外向者的优势

1．很快就能与多人建立紧密关系。

2．直率坦诚。

3．在群体环境中能高效工作。

4．记得住名字和面孔。

5．乐于助人。

外向者的劣势

1．可能会让人感觉粗鲁或咄咄逼人。

2．可能会因为过于热情或精力充沛，让人反感。

3．可能会完不成工作，因为把时间花在了与他人相处上。

4．可能会过于看重别人的意见（取悦别人）。

5．往往不想被别人抢了风头。

内向者的优势

1．注重结果而非过程。

2．能可靠细致地完成工作。

3．能有目的地思考。

4. 是一个好的聆听者。

5. 三思而后行。

内向者的劣势

1. 天生不爱冒险。

2. 会被认为不友好。

3. 可能会无视共识，随心所欲。

4. 可能会无缘无故感到自卑。

5. 很难在自己不喜欢的团队里工作。

4 建立信任

> 一群人一起共事，并非团队；一群人彼
> 此信任，才是团队。
>
> 西蒙·斯涅克（Simon Sinek）

———

在发生疫情之前，许多商务活动都是面对面进行的。如果要和新客户或潜在客户建立联系，你会搭乘飞机去他们的办公室拜访。你会穿着正装，准时出现，与对方握手。然后你会吃一些他们准备的小食，喝点咖啡，或者在你们彼此熟络起来后一起外出吃午饭。你可以通过交谈了解他们，但要想建立联系，就得靠只有面对面交流才能感受到的那些微妙细节。

这是建立信任的起点。通过和他们相处，你可以感觉到他们是否值得信任。你倾听他们的话语，但你的潜意识会辨别他们的面部表情、手势和反应是否与话语一致。如果不一致，你的大脑就会警觉起来。

　　这种情境对内向者来说尤为宝贵。因为我们天性敏感，善于观察，面对面接触是我们评估对方并预判关系会如何发展的最佳方式。

　　到了 2020 年，疫情将整个世界的接触方式从三维转变成了二维，大家都通过电脑屏幕交流。虽然在线会议比起电话交谈给我们提供了更多细节，但面对面的交流还是无法替代的。大家一开始都试图保持专业，设置逼真的虚拟背景，让别人以为他们是在办公楼里工作。但是当他们挥动手臂做手势时，手会消失，或者会有宠物闯入背景，这就完全暴露了居家办公的真实情况。

　　起初，这种视频通话让人感到尴尬和不专业。但随着时间的推移，人们卸下了伪装，利用新的机会建立联系。"噢，你养了一只雪纳瑞，它们是最棒的狗狗！"我们处境相同，有了共同语言。我们都是人，都居家办公，所以着装上不用那么讲究。

　　对于内向者来说，进行在线视频交流就像有人往我们的发动机里倒入了糖浆。在节省时间和差旅费方面，在线会面有明显的优势，公司也开始认为这种会面和线下会面一样好。但我们建立信任的最宝贵资源是面对面交流时那些微妙的信号。失去了这一工具，内向者就很难判断一个人是否值得信赖。向别人证明自己值得信赖也更加困难，因为我们的优势在当面沟通时才能发挥出来。

　　我在疫情期间发展了一位客户，在那段时间我只在网络上见过他。当一切恢复正常后，我终于与他们的团队见了面，共进了午餐。尽管我和他们有过多次在线交谈，对他们已经十分了解，但见面时的感觉完全不同。我认出了他们，但他们在三维的现实空间里看起来更温暖、更真实。我感觉自己像是第一次见到他们，在此之后，我们之间的关系变得更加深厚了。

没有一蹴而就的信任

　　建立信任的关键因素在于第一个词——*建立*。这并不像用沸水冲泡即食麦片那样，搅拌一下就能吃上早餐。信任可不是微波炉速成食品，而是小火慢炖出来的美味佳肴。

　　一间狗舍只需一个周末就能盖好，但一栋70层的高科技办公大楼需要花费数年才能完工，因为有太多的系统、建筑材料和工序必须结合在一起。一开始只是个建楼的想法，然后想法变成建筑图纸，再选定承包商，负责将计划付诸实施，从地下开始，一层又一层地建造起来，直到竣工。

　　信任就是这样建立起来的，不是做个决定并落实到位就好了，而是多次个人接触的结果，人们需要在这些接触中以值得信赖的方式行事。

　　几年前我刚搬新家时，后院有个用木头搭建的平台。木板已经腐烂，我们不知道什么时候踩到不该踩的地方就会掉下去。虽然这种事从未发生过，但我们总是提心吊胆。由于这个平台给我们的体验不佳，我们不再信任它，最终我们把它拆了，开始重建，从打好坚实的地基开始。每一步都花费时间，因为我们需要确保每一步都做得正确，这样才能信任最终的结果。几个月后，我们放心大胆地踏上了新建的平台。现在，几年过去了，我们从来没担心过会掉下去。我们在重建过程中小心谨慎，所以我们对结果有着高度的信任。

信任对内向者来说尤为重要。我们想要与真实的人建立真正的关系，而不是看起来并不稳定的华而不实的关系。一旦内向者确定某人是值得信任的，他们往往会对他异乎寻常地忠诚。

信任是日积月累建立起来的。

《麦克米伦词典》将*信任*定义为"对某人具有的信心，表明你相信他们是真诚、公正和可靠的。"[1]它是人际关系的通货。信任度高的时候，做出决策花费的时间就会更少，因为你认为别人都抱有最好的意图。信任度低的时候，做任何事都需要花更长的时间，因为你要分析过程中的每个环节，你不确定对方是否讲诚信。

当内向者信任某人时，我们会开始与他们交流。外向者无论是否信任某人都会开始交流。我们往往只会接触我们已经建立起信任的人。如果我们对某人的信任度很低，那么我们会保持沉默。

为什么信任如此重要

信任在当今弥足珍贵。过去，信任在任何关系中都是最重要的；如今，在最真诚的关系中依然如此。但是我们已经开始料定人们难以兑现承诺，或者为了自己方便就歪曲事实，这令人遗憾，但又十分常见。

去年，我和我太太去一家车行看了我们感兴趣的一款皮卡。我看了下车窗上的标签，注意到了上面的信息，发现这款车平均每加仑汽油可以跑 20 英里。销售员说他在这家车行已经工作了大约 8 年，对这里卖的车非常了解。在试驾过程中，他给我们介绍了很多这辆车有趣且非比寻常的功能。我问他："这辆车每加仑汽油可以跑多少英里？"他回答："噢，大概可以跑 35 英里。"

我没有提出质疑，但我知道他说的不是真的。我立马觉得他告诉我的其他一切都值得怀疑。我不能相信他。最终我们在另一家车行买了相同型号的车。

我还注意到，人们做出承诺却不兑现的情况越来越普遍。"我会在周五前交给你。"他们会信心满满地这么说。但周五到来时，却没有任何进展，而且不幸的是，我们对此早有预料。承诺变成了"口头禅"，人们会习惯性地脱口而出，而不是真心实意想要去做。

出现这种情况时，我们就很难信任这些人。如果他们在这件事情上不能言出必行，我们就会顺理成章地认为他们承诺的任何事情都不靠谱。这是他们性格中的一个缺陷，他们成为我们眼里不值得信任的人。

这很遗憾，因为我们重视诚信，然而我们却不再期待别人信守承诺。反过来想想，如果你讲诚信，你就与众不同，你就能建立起信任，因为别人知道你会信守承诺。

内向者与他人建立信任的最快速的方法之一就是说到做到，并长期如此。你会在别人的心目中脱颖而出，因为这与他们之前经常遇到的情况大不相同。如果有突发事件，你无法按时完成任务，只需让客户知道你会推迟履行承诺。大家都知道变故说来就来，如果能花时间就延迟情况进行沟通，信任就能建立起来。如果置之不理，让对方抱有疑虑，那么他们对你会越来越不信任。这就是在任何关系中保持高度信任的简单而有效的方法。

当然，在虚拟网络世界中建立信任更加困难。但是，内向者在和一两个人而不是一群人相处时会表现得更好。线上办公时，这成为一种优势，因为我们可以利用这样的数字资源在网络上建立起真正的联系，一个个来，一次只面对一个人。

内向者的优势

内向者通常能利用自己天生的敏感和观察力本能地建立信任。这是双向的，因为我们知道如何评估对方的可信度，以及如何向对方证明自己的可信度。建立信任是我们的第 4 个绝招，因为我们重视人际关系中的真情实意。我们通常需要在闲聊之后进一步深谈的基础上，才会信任别人。这需要花费时间，但内向者都足够耐心，愿意等待。

这一绝招源于内向者独一无二的特质，这些特质展现出他们值得信赖：

- 我们善于倾听。
- 我们善于深入思考。
- 我们天生就善于观察。
- 我们往往很了解自己。
- 做出回应时，我们会谨慎而精准地选择措辞。
- 我们敏感细致，能捕捉到非语言暗示。
- 我们富有创造力，因此我们知道如何整合从别人那里获取的信息。
- 当我们健康状况良好时，我们不会随波逐流，能够独立行事。

- 我们言出必行。
- 我们保守秘密。
- 我们认真对待人际关系。

信任他人

要想与他人建立信任，首先自己得值得信任，但这只是其中的一半。另一半是*扩大信任*。观察他人是否值得信任很容易，但对于内向者来说，要建立相互信任的关系，从一开始就要预设对方是值得信任的，这一点很重要。这是法庭上"无罪推定"原则的实际应用，要消除有毒的怀疑心态。

比如，你如何与外向者建立相互信任的关系呢？通过"取得先手"，即主动去接触他们，即使这样做不像独处那么舒服自在。你很容易犹豫不决，因为不知道自己是否会被拒绝或被嫌弃。但外向者喜欢交流，而且如果有人尝试和他们交流，他们几乎总是欢迎的。

初次接触之后，就让外向者自由发挥吧。当然，他们有不同的交流风格，如果你能花时间学习并欣赏他们的"语言"，你的人际关系就会变得丰富多彩。这可能会让你觉得自己走出了舒适区，但人际关系值得你冒这个险，而且如果不尝试一下，你永远也不知道能建立起多少信任。

在上一家公司任职时，我每天都要进行在线视频通话。其中许多电话是世界各地不同文化背景的人打来的，他们的英语并不流利。起初，这种感觉很不舒服，可能通话双方都这样觉得。作为内向者，每次通话结束，我都会觉得谢天谢地终于结束了，因为对我来说，这种沟通太费劲了。

然而，随着这些联系的发展，我们克服了沟通障碍，其中许多人和我成了亲密的朋友。我发现，我最初对沟通的尝试深受对方的赞赏，因为我们开始把彼此当作普普通通的人来看待和尊重。我们会探索彼此的共同点，同时也会探索彼此的差异。

结果如何？我们建立起了信任。

找一个外向的同事，跟他随意谈起你对你们共同参与的项目的看法。如果和外向者分享你的想法，他们可能会想跟你聊下去。记住，外向者会想到什么便说什么，将他们脑海中迸发的念头都分享出来，这让交流变得更容易。不要急于得出结论，我们的目标是建立联系。

为这样的交流预留时间。内向者需要独处的时间来恢复精力，而外向者需要的却是社交时间。如果你主动去和他们接触，就是在帮助他们积聚精力。这对他们来说很重要，即使这不是你所需要的。你采取主动，就是在进行信任投资。

那么，如果你要面对的是外向的老板呢？如何与评估你的工作并付给你薪水的人建立信任关系呢？

117

从对他们来说重要的事情入手：

- 他们需要你完成工作。
- 他们需要你的尊重（即使你并不总是同意他们的选择）。
- 他们需要你在公司内外都能出色地代表你所在的团队。

然后采取实际行动，确保他们的这些需求得到满足。

预先设定期望。

老板给你安排任务时，恭敬地提出一些你想了解清楚的问题：

- 这个任务做到什么程度算是成功？
- 您更倾向于我做到完美，还是完成就好？
- 时间表是怎样的？

明确老板的期望有助于你大致了解该如何去满足这些期望，并及时向老板汇报进展情况。

有意识地展现自己。

内向者往往会努力做好事情，并认为自己是会被注意到的。遗憾的是，老板有很多事情要做，可能不会像我们希望的那样关注我们的表现。因此，我们要主动按照约定的重要节点汇报最新进展："我们即将完成项目的第一阶段，在我们继续推进之前您有什么建议吗？"不用向他们提供所有的细节，这会让他们应接不暇，把汇报当作和他们接触的一次机会，让他们知道一切尽在掌控之中。这样做可以建立信任，因为这会提醒他们你在做你该做的事情，而他们不必担心项目会超期。（这点对居家办公的员工尤为重要。）

偶尔给他们一个惊喜。

做得比老板期望的更多，表现出你的主动性。稍微提前一点完成项目。承担一项你知道你老板不喜欢做的工作，或是提出一个他们没有要求你去寻找的解决方案。偶尔给他们发一封真诚的感谢信，称赞他们做得好的事情，或是对他们身上你所珍视的品质表示欣赏。

建立信任没那么难

建立信任并不难，但需要花费时间和精力。

- 言行一致。
- 说到做到（并如期做到）。
- 言而有信。

几年前，我们教会面试了一位牧师候选人。他们还在一次会面中面试了他的太太，以便从不同角度了解他的为人。有人问："他在家里是什么样子的？"她回答："他在家里和在讲道台上一个样。"换句话说，她的先生诚实正直。

有个恰当的描述是"没有用蜡填补"（without wax）。在古代，艺术家们创作雕塑时偶尔会出错。外行一点的会用彩色的蜡来填补出错的地方，而优秀的艺术家不会用蜡。随着时间的推移，"没有用蜡填补"这个词组就用来形容完美和真实的事物。

想要建立信任吗？做一个"没有用蜡填补"的人吧。

5 培养情商

我们可以共情，可以观察，但不一定要
吸收对方的情绪。

佚名

———

拿出手机，点击"最近通话"，查看最近给你打电话的
10 个人是谁。（如果你是内向者，那么你需要翻翻你的"语
音信箱"，因为你基本上是不接电话的。）然后，逐个浏览这
些名字，问问自己，在手机上看到这个人的名字时，我是什
么感受？

哪些人的名字能给你带来最积极的能量，并让你期待与
他们联系？你是否想过，我已经很久没有他们的消息了，我
应该给他们发条信息，看看他们是否想尽快见面，一起喝杯
咖啡之类的？（这是内向者的本能反应。比起电话交流，我
们更希望和他们面对面交流，我们期待从谈话中获得能量和
安全感。）

哪些名字给你带来最消极的能量，并让你觉得如果可以不回他们的电话就好了？可能你会想，如果我不回电话，最糟的结果会是什么？我能不能给他们回条信息就算完事了？（这是另一种典型的内向者的反应，对那些耗尽我们精力的人，比起和他们通话，我们更愿意用文字回应。）

最后，具体想一想，这些人都说了或做了什么让你受到积极或消极的影响。是什么让他们与众不同？

让你受到积极影响的人很有可能拥有我们称之为"情商"的东西，而让你受到消极影响的人却没有。简单来说，情商是一种共情能力，让你能敏锐地感知到他人和自己的情绪。它是建立和维护健康又充满活力的人际关系的基础工具。

如果你认识一些高情商的人，你可能会把他们列入你的"好人"名单，因为你喜欢他们。如果你认识的是情商不高的人，他们可能在你的"坏人"名单上，因为他们不会给你的生活添彩。

无论是外向者还是内向者，每个人都拥有不同程度的情商。如果一个人的情商不如别人高，他仍然可以通过练习一些技巧来提高情商。内向者通常更容易做到，因为我们天生具有观察力和对细节的感知力。我们习惯于关注自己和他人的感受，这些特质让我们更容易提高情商。内向者重视表达是否清晰，会花时间去思考如何表达自己的想法。外向者通常更关注自己的语言和想法，并可以快速表达出来，因此他们天生不擅长关注细节。虽然他们需要更加集中精力并花费更多时间才能提高情商，但他们是可以做到的。

无论一个人的性格如何，从事何种职业，懂得如何建立和维护人际关系都是通向成功的关键。如果一个人的专业技能很强，但人际交往能力却很差，尽管他们可以完成工作任务，但永远也达不到他们所期望的效果。如果他们善于与人交往，却没有出类拔萃的工作能力，他们最终会得到一个新头衔——失业者。

有人说，一个人被聘为首席执行官是因为他拥有高智商（完成工作的能力），而被解雇则是因为他缺少情商（无法与他人相处）。我也听经理们说过，他们在面试求职者时，往往更看重彼此是否相互吸引而非专业知识（他们会默认求职者具备了学习如何胜任该职位的基本技能）。"我可以教他们怎么做好工作。"一位经理说道，"但我每天都要和他们共事，我团队中的每个人也是这样。我想要的是一个合作愉快与关系和谐的团队。"

不管我们是内向者还是外向者，工作中的成功都源自于两点：我们的工作能力以及我们与他人相处的能力。

内向者可能会比外向者更容易做到第二点。

高情商好在哪里？

有些人觉得外向者天生情商更高，因为他们可以轻松地与人交谈并建立关系。他们可能是喜欢交际的且外向的，但交谈技巧并不等同于交际能力。请看高情商人士的部分特征：

- 他们对别人的经历有着强烈的好奇心。

- 他们倾听是为了理解，而非回应。

- 他们乐于接受变化，但往往更关注每个人对变化的反应，而不是变化本身。

- 他们了解自己的感受，懂得如何准确又简洁地表达出来。

- 他们不计较自己的错误，这样就能从中学习并成长。

- 他们会控制自己的怒火。

- 他们讨人喜欢——可能因为他们真诚地关心别人。

- 他们尊重他人。

- 他们不追求完美，这意味着他们不会为了把事情做好而投入没完没了的时间。

- 他们在压力之下能保持冷静，同时会分析周围发生的事情。

· 他们能对他人感同身受，因此能得体地与人交往。

· 他们知道如何去影响他人，让大家朝着共同的目标前进。

以上这些听起来更像是外向者还是内向者的特质呢？其中大部分都与内向者的观察能力紧密相关，因此我们可以很容易就学会并加以练习。外向者也可以在这些方面表现出色，但他们需要有意识地努力学习。

这就解释了为什么培养情商是内向者的第 5 个绝招。这是我们天生就具备的技能，可以轻松用起来并立即见效。通过这一绝招获得成功，能让我们建立自信，从而影响我们看待自己的方式，也会让我们更有能力在职场取得成功。

让我们来质疑这样一种假设：内向者都想变得更外向一点。当然，有些事情对外向者来说可能看起来更容易，在很多方面可能真的是这样。但这忽视了一点，那就是状态良好的内向者对自身技能和性格是满意的，他们不想变成其他人。如果我们需要一些技能来帮助自己变得更外向和更善于交谈，我们知道可以学习并练习这些技能，而无须放弃我们天生的优势。

试想一下，如果建议外向者学着变得更安静、更善于思考。"在接下来的一个月里，像内向者一样生活，这样你就能看到这么做的价值。"我们可能会对他们说，"利用这段

125

时间自我反思、写日记、独处，并进行内在的深度思考和分析。"

他们的反应可能是："我到底为什么要这样做？谢谢，不必了。"

上述两种情况下，内向者和外向者都享受着做最佳状态的自己所带来的自由，他们赞美自己的性格，并学会在个人生活和职业生涯中充分利用它。他们不想成为别人，但他们知道自己可以向别人学习。他们会在自己的技能库里添加新技能，继续真实地做最好的自己。

作家丹尼尔·戈尔曼（Daniel Goleman）写道："情商的重要性相当于智商和技能加起来的两倍。"[1] 他认为，在组织机构中的地位越高，情商就越重要。他还提出，情商是四个关键因素的结合：

1. 自我意识——能够知道自己的感受，以及它如何影响自己的思维和人际关系。这一因素最不显眼，但却最重要。

2. 自我调节——能够管理自己的情绪，不管有什么感受，都知道该如何应对。

3. 社会意识——能够对他人感同身受，与他们共情，并渴望改善他们的感受。

4. 社交技能——能够通过影响力、冲突管理和团队合作来建立人际关系，并激励他人维持健康的人际关系。[2]

我们求职时会投递简历，简历上列着我们毕业于哪所学校、学的什么专业、从工作经验中学到了什么技能、获得过什么证书，以及我们在其他公司取得过什么成就。我们知道，很多人都在申请同一个职位，所以大家都会列出这些要素，围绕它们展开竞争。

我们意识到，有人会看所有的简历，并依据这些标准将其分类。因此为了获得面试机会，我们会强调与智商有关的东西，也就是我们的才智。我们会试图证明自己比别人更聪明。"看看我做过的一切。"我们会暗示，"你们应该雇用我，因为我有经验和能力来做好这份工作。"

但是，最优秀的求职者之所以能脱颖而出，是因为与他们共事的感觉很好，也就是他们的情商。不过，要把这一点加到简历里而不显得自大或自私很难。一旦一个人被录用，人们就会认为他能胜任这份工作。但他*保住*这份工作的关键在于他如何与人相处。

换句话说，情商比我们意识到的要更重要。大多数企业都人才济济，求职者击败了竞争对手，获得了工作。上岗之后，他们与合作伙伴、同事、顾客、客户和上级的交往能力会让他们脱颖而出（或者没有让他们脱颖而出）。在任何行业中，情商都是独特的竞争优势。

你的情商有多高？

棘手之处在于，我们很难知道自己是否有足够的情商。我们大多数人都相信自己的情商足够高，但我们凭什么这么认为呢？戈尔曼说过，自我意识是情商中最重要的部分，但如果我们没有"意识到"，也就不会知道它缺失了。[3] 我们都认识一些自认为情商够高的人，但我们觉得事实并不是这样。我们认为，*他们对情商一无所知*。

康奈尔大学心理学教授大卫·邓宁（David Dunning）对此表示赞同："我们会对自己获得的证据进行大量的正面解读。"[4] 他认为，比起我们自己，别人对我们的评价要更客观准确。我们都有别人能看到但自己看不到的盲点。因为我们对它们"视而不见"，所以我们不知道它们的存在。

要找出这些盲点只有一个办法：*我们需要找到从别人那里获得真诚反馈的办法*。

出于以下几个原因，这可能会具有挑战性：

- 如果别人和我们相处时没有安全感，他们就不会告诉我们真相。
- 当别人分享他们所看到的东西时，如果我们心存戒备或寻找借口，他们就会停止分享。

- 我们在组织机构中的职位越高，得到的反馈就越少（没人想得罪他们的老板）。
- 我们会觉得可能出现的负面反馈对自己来说是威胁，所以会回避。
- 如果我们在过去没有得到多少反馈，就不知道别人的观点是什么。在这种情况下，我们会自己编造别人的观点，并信以为真。

最好的反馈重点更多地在于观察到了什么，而不是给出意见。我们想知道别人看到了什么，而不是他们如何解读我们的动机。如果有人指出我们的牙缝间有西蓝花，这对我们很有帮助，因为这样我们就能采取措施。如果他们指出我们的沟通方式让别人觉得我们很傲慢，那也很有帮助。这就像是在看照片中的自己，有人指出了一些我们之前没注意到的东西。这就是我们的盲点，一旦我们意识到了，就能采取相应的行动。

一位经理可能会告诉她的员工："我很乐意接受反馈，如果我做了什么你不喜欢的事，告诉我就好。我不会找你麻烦的，这会对我很有帮助。"如果这位经理没有收到任何意见，她就会认为自己做得很好。

不过，员工可能会觉得向上司提出笼统的批评是有风险的。这位经理可以选择更好的办法，她可以说："我想确保自己在会议上能倾听你所关注的事情，而不是找借口回避这些事情。接下来的几次会议中，你能否记下我说了或做了什么让你觉得我没有做到倾听？我可能会对自己的行为不自知。"这个要求只涉及一个具体问题，因此员工给你回应的概率会高得多，他们也会觉得风险小得多。

360 度评估法（360-degree assessment）也是了解他人看法的有用工具。要获得诚实的反馈很难，而这个工具是匿名的，人们可以更加无所顾虑地说出事实。你可以用它来让你的上级、下级和同级别的同事分享他们对你沟通能力、行为和表现的看法，你看到的是汇总之后的信息，所以无法确定是谁写了哪个部分。

我在富兰克林柯维公司（FranklinCovey）任职时，有个研讨课我教授了数百次，那是他们的旗舰产品——"高效能人士的 7 个习惯"。这个课程包括 360 度评估，每位学员都需要邀请别人完成对自己的评估，以此来帮助自己成长，了解自己的优势和需要改进的地方。人们可以在线提交回答，学员可以打印一份报告，在课程的第三天使用。

我总是惊讶地发现，学员们在将要看到别人给自己的反馈时是多么胆战心惊。我们在课上会花大量时间进行解释说明，这样他们就能以合理的方式对待反馈内容。对于他们中的大部分人来说，这是第一次收到关于别人如何看待自己的诚实反馈。他们害怕收到负面评价，多年来他们一直避之不及，害怕自己的缺点最终会暴露出来。

研讨课结束时，许多学员都说这是他们参加过的最有价值的课程，不仅仅是因为课程内容，还因为他们能获得外部视角。

我们在了解了真相，发现了自己的盲点后，就可以对症下药。如果有人情商不高，他们可能会被派往人力资源部门接受关于改善人际关系的辅导。这可能会有所帮助，但低情商的人往往会拒绝做出改变。当一个人拥有足够的想要提高情商的自我意识时，辅导才能有最好的效果。

我能网购情商，次日送达吗？

许多书籍都在探讨情商。难道我们就不能买一本读读，再加以运用吗？嗯，可以……也不可以。书籍是很好的信息来源，但很难通过阅读一本书和尝试做几件事就大有改观。我们可以学习基础知识，思考其中的概念，但我们不可能一夜之间粗略地回顾一下事实就能够改头换面。

研讨课和系列课也是一样的。尽管它们在提供深刻见解和帮助理解概念方面具有价值，但完成课程并不意味着我们就已经自动地改变了自己的行为。这只是意味着我们按下了开始按钮，找到了前进的方向。

任何人都可以提高自己的情商，但这总需要一个过程。

这需要时间和努力，如果有人陪伴的话，通常效果会最好，这样可以相互鼓励、激发并对彼此负责。这就像学弹吉他一样。你可以学会几个基本和弦和弹奏模式，但练上几天你的手指就会酸痛。学起来不容易，所以人们往往只学了一点，就停留在那个水平上。只有当你日复一日地练习这些和弦和指法，直到它们成为家常便饭，你的手指上长出茧子，你弹奏时无须考虑每一个动作时，你才能找到熟练掌握的感觉。

在情商方面，你可以从最小的步骤开始，随着时间的推移持续下去。多年以后，人们会觉得你就是高情商的人。你会在不知不觉中就与别人建立起有效的关系，因为你这样做已经很久了：

- 你会在每次交谈中追求"双赢"，找到既能满足自己的需求，又能满足对方需求的解决方案。

- 你会敏锐地感知到自己在任何时刻的情绪，并做出调整，以适应当时的情况。

- 你会很容易就对他人的情绪感同身受，并用这些情绪来引导你们的谈话。

- 你会捕捉到诸如肢体语言和面部表情之类的细微视觉线索，从而知道别人在想什么。

- 你为了理解而倾听，用自己的话复述对方所说的话，以确保你的理解是正确的。然后你会不断提问："还有什么？"

• 你会带着感恩的滤镜看待生活，有意识地表达谢意并赞扬他人。

• 你会意识到自己的思维模式，懂得如何选择自己的想法。

• 你会不断寻求别人的反馈，并利用这些反馈来成长。

作家兼企业顾问肯·布兰佳常说："反馈是冠军的早餐。"[5] 同样我们也可以说："情商是有影响力的人的命脉。"

成功可以源自你的聪慧，而影响力则源自你的关注。

做你自己，学会运用情商这一绝招吧。

6 打造你的工作环境

我并不排斥社交，我只是喜欢安静。

亚当·格兰特

———

那天我一早就来到一家公司，准备我主讲的研讨课。多年来，我曾多次与这家公司合作，所以对办公大楼熟门熟路。我们通常在三楼的一间大会议室里开会。我在前台办理了登记，拿到了当天的访客证，然后便上了楼。

这次来，整个一楼都在施工。新墙正在砌筑，电线从天花板上垂落下来，裸露的水泥地面也在按照新的设计方案施工。

这是家优秀的公司，但它的办公室布局一直让我觉得不安稳。每层楼都有上百个小隔间，隔断低矮，你可以一眼看到头。这里没有隐私可言，大家可以看到、听到周围发生的一切。我常常想，在那样的环境下工作会是什么样的，那些员工的状态是蒸蒸日上还是苟延残喘。

我在三楼会议室见到了我的联络人，我向她询问了施工情况。"我们在纠正一个大错误。"她说，"这个错误已经持续了多年。"这听起来很有趣，我继续追问："是什么错误？"

"几年前，人人都在谈论'开放式办公'环境的潜在好处。"她说，"当时的想法是，如果大家全都在同一个大空间里，自然会有更多协作和创意。大家不需要安排开会了，只需要向附近的人提问，或者走到他们的办公桌前交流就行。这样做的目的是为大家所做的一切注入活力，让他们保持积极主动。管理层认为这是个好主意，我们就这么做了。"

我的问题直截了当："那么，我猜这行不通吧？"

"没错。"她继续说："但我们花了好几年才弄明白。无论我们怎么努力，开放式办公所谓的好处都没有体现出来，事实上，情况似乎变得更糟了。"

"你们是怎么发现的？"

"没人互相协作，也没人感到开心。我们做了一个调查，然后和员工进行了一对一交流。我们意识到，我们是一家富有创造力的公司，我们的员工可以独立提出想法。当然，有时也有一些合作，但那是例外。他们在安静环境中独自一人不受干扰地工作时效率最高，大部分的工作都是由那些独处的、在不受干扰和安静环境中工作状态最佳的人完成的。"

"最重要的是,"她接着说道,"我们是一家由富有创造力的内向者组成的公司。因此,我们正在改变公司布局,在大楼外缘隔出几十个小房间,让员工能有更多的独立空间,集中精力工作。目前,我们仍将保留许多小隔间,但在需要的时候,员工可以随时找一个空着的房间,独自处理一些事情。虽然方案并不完美,但这是朝着正确方向迈出的一步,我们的员工都非常兴奋。"

作家苏珊·凯恩引用过一项研究结果,即"每次打断都会让完成任务所需的时间增加一倍。"[1]她还称,内向者在开放的环境中会比在安静环境中更容易出错,会承受更大的压力。[2]如果一家公司花费时间和金钱聘请了一位内向者,然后让他置身于开放的工作环境中,那就等于浪费了对他的投资。这就好比你聘请了一名专业厨师,却让他在只有儿童简易烤箱的厨房里工作。

你可能没有身处开放式办公环境,但你可能身处内向性格无法大展手脚的环境。束缚你的可能是别人对你的期望,是对自己的最佳工作方式的认知缺乏,或是觉得自己应该更外向、更善于合作的想法。你可能总被人围着,即使你没有一直和他们交谈,你也失去了大展手脚所需的空间。如果你感觉自己像是在一个永不停歇的嘉年华中工作,那么是时候做一下评估了。

环境决定一切

用很多篇幅来讨论内向者的工作环境似乎有些奇怪。至少，外向者会觉得这很奇怪。但对于内向者来说，环境很重要。它决定了我们工作的质量和效率，也决定了我们的压力水平和幸福程度。

此部分讨论的很多内容将集中在办公室环境上，但如果我们没有独立的工作空间，也同样适用。你可能在医院或工厂工作，工作时需要不断交流与协作，但你仍然需要找到创造性的方法来获得休息充电的空间，以便能高水平地完成工作。

我们办公时如果身处独立空间便如鱼得水，如果身处开放空间便萎靡不振。我们通常在会议和合作中表现不错，但我们真正的工作都是独自完成的。沉思并不能代替合作，但先于合作。

居家办公的人在刚开始通常会遇到困难，尤其是当他们在家里的公共区域办公时。找一个带门的小房间用于办公，对内向者来说会大有益处，因为这样的独处空间能让我们保持旺盛的精力。

有时在职场中，我们可以靠与他人建立信任来营造这种独处空间。我之前有一个（外向的）同事，我几乎每天都与她合作。我们十分了解彼此的优势，所以可以取长补短满足彼此的需求。如果她需要给客户写一封信，会跟我说："你可以提供一些想法吗？还是你想先自己思考一下，然后我们再开始探讨？没关系，我知道你需要先自己思考一下。准备好了就发信息给我。"在工作方式截然不同的情况下，我们对彼此都有足够的信任，能够完全做自己，这让我们都感到身心舒爽。

在办公室里打电话，如果别人都能听到，我们会觉得电话像是被广播出去了一样。这些我们所谓的"别人"可能没有在意这通电话，但我们会觉得好像一直有听众在默默评论自己的做法。当我们想知道别人怎么评论自己时，我们就很难专注于客户。我知道一些员工会到车里打电话，这样他们就能确保隐私了。

在外向者看来，这样的讨论可能听起来很傻。而对于内向者来说，这是一个"成败在此一举"的问题。这就是为什么*打造工作环境*的能力是我们的第 6 个绝招。做好这一点，就能为内向者的工作奠定基础。

首先让我们来谈谈如何在组织内部进行变革。之后我们再来看看身处不同的环境，你都能做些什么。

制定以老板为中心的解决方案

要记住的主要一点是，如果你是一位在工作环境中苦苦挣扎的内向者，那么你并不孤单。因为高达 50% 的员工都是内向者，我们都在为同样的事情挣扎，但可能都没有说出来。请记住，发生的一切不是你的错，你也不是问题所在。你工作的环境才是问题所在。

"但我无法改变环境。"你会说，"我不能直接去找我的老板，要求给我提供一间私人办公室。"你说的可能是事实，但这并不意味着你不能坦诚地谈自己的需求。作为一名内向者，你有一种独特的能力，能够通过观察团队中的领导，并找出对他们而言什么是重要的。随着时间的推移，这可以帮助你设计出一种具有创意且周到的方式来接近他们。当坦诚的关系建立起来时，你可以表达出你的需求，同时让他们觉得他们的需求也得到了满足，这需要充分发挥你的情商。

与其他几位内向的同事聊聊，看看他们在自己的工作环境中感觉如何。你不是在搜集案例，只是给其他人一个分享体验的机会，这样你和你的老板都能更清晰、更全面地了解你们所面临的挑战。收集他们的想法，努力找到一种简单可靠的方式来描述困境，并提出一个或多个创造性的解决方案。老板们通常不喜欢抱怨或充满情绪化的发泄。如果你能保持客观、实事求是的态度，把重点放在收益上，并提供切实可行的解决方案，那么你获得老板关注的概率就会成倍增加。

你可以考虑下面这个方法：

1．提出需求——说明有相当一部分员工因为工作环境无法做出最大贡献。

2．进行研究——解释内向者在独自工作，而不是一直与他人合作时，能如何大展拳脚，并取得最佳工作效果。找到能让他们独自工作的方法将大大增加他们的贡献，而这将影响产出、士气和财务底线。（这可能是你研究中的关键点，比如本书中引用的那些内容。）

3．列明证据——举出两三个具体的例子，说明当前环境的困难所在；再列举几个例子，说明做出一些改变会如何提升士气，并产生积极的结果。

4．提供方案——提供多个备选方案，以尽可能低的成本和尽可能小的干扰来解决问题。

尽可能让这成为一次真诚的对话，而不是正式的报告，探讨的重点是变革带来的好处，而不仅仅是员工的诉求。强调你并不是要"拉帮结派"来迫使公司做出改变，而是站在能让团队半数成员发挥最大效能的立场上来展开对话。

学会进行调整

如果你无法让公司改变环境，使其对内向者更友好，该怎么办？你有两个选项：

1．消极被动。因为感受不到希望而放弃。你被困在一个不利于你发挥最佳工作水平的环境中，而且没有改变的希望。

2．积极主动。学会接受那些你无法掌控的事情，控制那些你能掌控的事情。不断努力寻找创造性的解决方案，找到在不太理想的环境中蒸蒸日上的方法。你所处的环境不可能总在你的掌控中，但你可以选择如何应对各种情况。

我们假设第一个选项不可行，因为没人愿意忍受苦不堪言的工作环境。第二个选项让你可以在任何情况下寻找方法，让自己做出恰当的选择。有时，这意味着到更适合自己的企业文化中另谋职位。大多数情况下，这意味着你要学会通过创造性的方案在现有的环境中蒸蒸日上。

无论是办公室办公还是居家办公，你都可以考虑以下这些掌控自己工作环境的方法：

想办法尽量减少干扰和分心。将笔记本电脑设置成"专注模式"，在预定的时间段切断网络和其他干扰。在私人办公室的话，就把门关上。

在日程表上标记出专注时间。在一周开始时，每天留出几个小时，作为"没空时间"。然后将这些时间段视作已经安排了和上司会面一样，重视并捍卫它们。如果有人想在这些时间段约你见面，你只需说："很抱歉，我那个时间段另有安排。不过我可以在一小时后给你留出大约 15 分钟时间，这样可以吗？"

挂个"专注中"的牌子。让别人知道，当你专注的时候，工作会做得最好，你可以挂一个"专注中"的牌子，让他们不要打扰你。如果他们还是想打断你，你可以说："我一结束工作就去你办公室，我大概还需要 15 分钟。"这需要一个认知的过程，但他们会习惯的。

消失一会儿。偶尔去其他办公室、会议室或咖啡店完成一些工作。在你的共享日历（或者在办公室门外告示牌）上写明你什么时候回来，并确保自己准时回来，这样他们以后就会尊重你的要求。

戴上耳机。不要一直戴着耳机，当你想专注工作的时候再戴上。降噪耳机或耳塞能让你的工作环境明显安静下来，同时也向其他人发出你正在专注工作的信号。尽量将每次戴耳机的时长限制在一小时以内，这样别人就会知道，在你不戴耳机的时候可以和你交流。

早点上班或晚点下班。如果可能的话，不管是居家办公还是公司办公，申请自由选择上班的时间。如果你在清晨精力最充沛，那就比别人早到一两个小时，这样你就可以在这段时间里完成当天一半的工作。如果你在一天的晚些时候精神状态最好，那就在别人下班后继续工作一会儿。

申请居家办公。在企业文化和工作职责都允许的情况下，你可以向老板申请每周在家工作一到两天。如果他们不确定你不进办公室能否完成同样多的工作，那就提议试行一个月。就如何衡量绩效达成一致，然后努力工作，达到或超过公司预期。

在办公桌上竖起一面墙。如果待在一览无余的小隔间是你唯一的选择，那就做一些简单的调整。在摆放你的办公桌和显示器的时候设计一下。比如，摆放一些绿植来遮挡别人的视线，这样会更有隐私感。但不要太过头，你也不希望自己的办公桌看起来像热带雨林吧。只需添加几样有格调的东西，将你稍稍挡起来一点即可。

劳逸结合。如果你能控制会议时长，就将其设为 50 分钟而不是 1 个小时。这样你就有 10 分钟的时间去室外走走，或者上下几层楼梯，给你的身体补充能量。尽量不要一次在一个地方坐 1 小时以上。如果有必要，可以在你的日程表上预留出这些时间段，这样别人就会知道你什么时候要离开几分钟，什么时候能回来。

不要在午餐时间工作。帕金森定律（Parkinson's law）表明，无论我们安排多少时间用于工作，这些时间都会被填满。如果你有 1 个小时来完成一项工作，那么它会花去你 1 个小时的时间。如果你发现只有 45 分钟可用，你就会在 45 分钟内完成它。你可能会觉得只有把午餐时间用于工作才能赶上或领先于进度，但是，休息一下可以让自己头脑清醒，让身体恢复活力。走出大楼，散会步，或者在户外找个长椅看会儿书。如果你能从工作中完全抽身出来休息一会儿，你就能精力充沛地再次投入到下午的工作中。（居家办公时，这一点同样重要。）

把你的想法记录下来。养成边思考边打字记录的习惯。思考是内向者所能做的最有创造力的事。

但如果有人看到你思考时坐着不动，他们会以为你什么也没做，就会试图打断你。如果他们看见你在打字记录，他们会更愿意等待。你可能还会发现，打字也能帮助你形成并组织好自己的想法。

想在适合内向性格的环境中工作吗？这是你的选择。去打造这样的环境吧。努力让一切变得不同。这么做除了能帮助你自己，还能惠及更多的人。与此同时，无论情况是否发生变化，我们日常做出的选择要让自己在任何环境中都能蒸蒸日上。

环境是内向者取得成功的"秘密武器"。一定要想方设法让它满足你的需求！

7 为确保成功刻意准备

不做准备就等于准备失败。

约翰·伍登（John Wooden）

———

如果我告诉你，我有一颗灵丹妙药，可以解决内向者在职场遇到的所有问题，你会作何反应？它能确保我们在任何情况下都充满信心，能确保让别人看到我们的能力并寻求我们的建议，还能让公司上上下下的人都尊重我们。更妙的是，外向者会羡慕我们，想要变得和我们一样。

听起来像天方夜谭，对吗？确实不可能，但有一个绝招能达到差不多的效果。它不能保证解决所有的问题，但却是最简单的绝招，它几乎能对一个人接触到的所有事情产生巨大影响。人人都适用，但对我们内向者尤其有用。

这个绝招是什么？是做好准备。

如果你只想从 7 个绝招中选出一招来用，那么*做好准备*

就是最简单的，而且影响力也是最大的。它不需要特别训练，也不需要多年的经验，你所需要的就是坚持下去。做好准备能克服那些阻碍内向者成功的障碍。

道理很简单。如果你做好准备，成功的概率就会成倍增加。如果你没做好准备，失败的概率就会成倍增加。

要想五谷丰登，农民就要做好准备，提供最佳的土壤环境。如果不对土壤预先进行处理，作物可能也会生长，但收成不一定好。由于条件不理想，种子必须更加努力才能存活下来。同样，如果一位首席执行官需要向员工传达不好的消息，那么准备时就要衡量一下如何以共情的方式来做这件事情，以确保得到最通情达理的回应。如果这位首席执行官只是"随口一说"，结果可能会截然不同。

历史上一些最成功的人都有做好准备再行动的心智模式。亚伯拉罕·林肯曾说过："如果我有 6 个小时的砍树时间，我会用前 4 个小时来磨斧头。"[1] 阿尔伯特·爱因斯坦曾说过："如果我有 1 个小时来解题，我会用 55 分钟来弄清楚这个问题到底在问什么，再用 5 分钟来寻找解决方案。"[2] 史蒂芬·柯维博士曾说过："你是否曾因为忙于用车而没有时间去加油？"[3]

如果我们有一项任务要在 60 分钟内完成，那么我们就会想，*我得开始工作了*。我们通常认为不可能有太多的时间去做准备，因为我们需要分秒必争地寻找解决方案。实际上，我们花费在计划上的每一分钟都会大大缩减完成任务所需的时间。

做好准备是一切成功的催化剂。也是内向者获得自信的最快途径。

信心因素

内向者是深度思考者。我们不会只抛出一个想法，然后看它会落到哪里，而会构思、探索这个想法，然后充分考虑各种可选方案。这样做的好处在于我们有独特的能力来形成有条理、有深度的绝佳想法，不足之处在于如果我们还没有想清楚的时候就有人询问我们的意见，我们往往很难立即做出回应。

当这种情况发生时，我们会不知道该说什么，常常会有挫败感。当我们在事后回顾自己的表现，想到本可以说些什么的时候，往往会因为自己无法快速思考而自责。我们会不自信，觉得自己能力不足。我们不再是评判这个事件本身，而是在评判自己的个人价值。

听起来有点极端，对吗？但如果我们亲身经历过，就不会这样觉得了。我们很容易认为只有自己有问题，因为其他人听起来都很自信。但如果我们公正如实地加以分析，就会发现并非人人都自信，只是几个人这样而已。

当我们接到一项超出自己舒适区的任务时，同样的情况也会发生。如果这是我们不熟悉的事情，我们很容易将注意力放在所有那些可能出错的地方，我们关注它有多难，失败的概率有多高。这很痛苦，而且似乎没有办法能摆脱。如果将所有精力投入到准备上而不是担忧上，就能建立起自信，这对外向者来说似乎是合乎逻辑的，但内向者可能没那么容易明白这个道理。如果内心有一种*我做不到*的信念，就很难看到简单解决方案的潜力。

不同性格的人会以不同的方式看待同一种情况。

这不是一个新鲜的问题。《圣经》中有记载：两千年前，耶稣就这一情况讲过一个故事。仔细观察，想想内向者和外向者是如何以不同的方式解读同一个故事的。耶稣说：

> "你们那一个要盖一座楼，不先坐下算计花费，能盖成不能呢？恐怕安了地基，不能成功，看见的人都笑话他，说，这个人开了工，却不能完工。"（《路加福音》14：28-30）

大多数外向者读到这个故事后会想：*哇——如果我不做准备，我就无法完成这个项目，这会妨碍我成功*。他们关注的是自己的表现。而大多数内向者读到这个故事会想，*哇——如果我不准备，大家都会嘲笑我*。他们关注的是别人的反应。

当这成为我们一生的惯性思维时，我们就很容易相信，自己永远都不会拥有在职场出类拔萃所需要的信心，而且在交谈中我们总会慌乱地自顾不暇。

其实大可不必如此。只要有清晰的认识，并做好准备，内向者可以在任何情况下都表现出色，大放异彩。

有些人认为，"做好准备"就是要想到别人可能会问的所有问题，然后记住每个问题的答案。在现实生活中，不管你准备了多少问题，对方总会问出你没有考虑到的问题，而你却无从回答。

相反，我们应该把准备工作看成为了从不同的角度去了解主题，而不是为了赢得辩论。举个例子，如果你要参加一个会议，会上将展示和讨论一项公司内部调查的结果，大多数人（内向者和外向者都一样）认为自己会等到开会时再去了解细节。对于内向者来说，如果会上有人让你说说想法，你就会处于不利地位，因为这一切对你来说猝不及防，你还没来得及消化信息。

你可以看看能否提前拿到一份调查结果并熟悉一下内容，这不会花很长时间。你当然不会就此准备一次正式演讲，但如果在会上有人让你分享观点，你就不会措手不及。你会信心十足地做出回应，因为你可以将讨论的内容与自己已经知道的信息联系起来。

如果你想让我参与讨论美国人和格陵兰人的驾驶习惯，

我会感到为难，因为我不知道说什么。但如果你问我美国司机和埃塞俄比亚的司机有什么不一样，我会很来劲，因为我在那个国家待过一段时间，乘坐过出租车和私家车，我知道那里的驾驶习惯和美国有什么不同。

要我谈论格陵兰人的驾驶习惯，我会没有信心，因为我不了解那里的背景，我毫无准备。要我谈论埃塞俄比亚人的驾驶习惯，我会从容得多，因为我有相关经历，相当于我为对话做好了准备。但如果我知道我们团队将讨论格陵兰人的驾驶习惯，我会在会前做一些研究，积累背景知识。虽然我不能凭经验发言，但我可以借鉴我在准备过程中学到的知识。

在任何情况下，我们内向者准备得越充分就越有信心。

准备的力量

做好准备会让我们感觉更好。研究表明，如果我们花时间在一个特定领域做准备，我们的大脑会同时让我们在不相关的领域更有信心。做好准备会让我们对前景更为乐观。[4]

在过去30多年里，我曾在数百家公司举办研讨课，其中既有中小型商店，也有《财富》100强企业。我每年都要主持约一百场关于沟通、领导力和生产力等各方面的讲座。这意味着我几乎每天都要接触新的环境和文化。对于这些公司来说，让员工们放下一天的工作来参加培训是一项重大的投入，因此，研讨课应该能提供他们所期望的结果，这一点非常重要。

作为一个内向的人，我需要做的不仅仅是对主题了如指掌，然后进行讲授，我还需要尽可能清楚地了解听众的具体需求和客户的期望。我不是去表演节目，而是要将员工们的知识、敬业度和执行力提升到一个新的水平。

在我职业生涯的早期，我会给客户打电话，询问我应该几点钟到达、在哪里停车、午餐休息时间有多长，以及会议室的布置情况。我的所有准备工作都是后勤方面的，确保自己感觉舒适。

没过多久，我就意识到这些准备工作并不能满足客户的需求。很快，在同事的帮助下，结合我自己公司的标准，我了解了每次研讨课前需要做哪些准备工作。这包括长时间的电话沟通（当时还没有网络电话），以了解企业文化、问题所在以及他们选择组织此次研讨课的原因。这样的通话是与我的联系人建立关系并在会议前进行充分沟通的机会，目的是发现他们面临哪些特有的挑战，并在此基础上定制课程以达到他们期望的效果。

通过这些电话，我了解到了对方公司的所有情况吗？没有，但没关系。我做了充分的准备，对他们特有的情况有了一定的了解。因此，我有信心根据他们的实际情况为他们提供量身定制的课程。我不是一个卖课的商人，我是一个帮助他们改变现状的合作伙伴。

我仍然需要了解研讨课当天后勤方面的安排。我对这些细节了解得越多，早上开车过去的压力就越小。在早些时候（互联网出现之前），我会研究纸质地图，寻找最佳路线。如果我在洛杉矶当地授课，高速公路上可能会发生一些交通事故导致拥堵。考虑到这一点，我经常会在早上 4：30 或 5：00 从家出发，这样就能避开交通高峰，然后在咖啡店坐坐，完成一些工作。通常情况下，高速公路上不会发生什么事故，但我宁愿早点到达目的地，喝杯咖啡放松一下，也不愿被堵在路上，不知道能否准时到达（尤其是在我要讲授时间管理课程的时候）。

准备的方式

演说家罗杰·克劳馥（Roger Crawford）说过："准备工作的质量将影响你的表现质量。"[5] 这句话适用于生活中的每个领域。如果你想知道自己将达成什么样的结果（包括你的行动和感受），只需看看你准备到了什么程度。

飞行员在每次飞行前都要对飞机进行彻底检查。他们会对照一份打印好的检查清单，上面涵盖了在启动发动机前确保一切正常所需的每一个细节。你可能会认为，已经做了几十年飞行员的人可以跳过检查，或者至少用不着打印出来的清单了。毕竟，他们已经做了那么多次了，现在应该已经成为第二天性了，对吗？

不对。他们仍然在使用清单。他们知道，随着时间的推移，对流程熟悉程度的盲目自信可能会造成愚蠢的疏忽，从而导致飞机坠毁，因此他们要为任何可能发生的情况做好准备。他们不只是抱着最好的期望，还会做好精准的准备，这样才能放心起飞。（看到飞行员的精心准备，乘客们也会充满信心。）

我们也可以用这样的方法认真对待每一天。在每天开始的时候，仔细思考你日程表上的所有事情。考虑每件事情并问自己三个问题：

- 我预计的事情可能发生吗？
- 会有哪些我意想不到的问题出现？
- 我怎样才能为这两种情况做好万全准备？

考虑从结果清单而不是待办事项清单着手。不要只想着一天有一堆待办活动。想想一天结束时需要完成什么，也就是从结果的角度来思考。你可以做些什么准备，防止不太重要的活动夺走你对关键任务结果的关注。风险越大，结果越有影响力，准备工作就越重要。

当你的一天变得忙乱不堪，准备工作可以打断这种忙乱的节奏。退后一步，喘口气，然后花点时间评估一下正在发生的事情。否则，你会发现自己忙于应急救火，而无法自主掌控。紧急事件会妨碍你做重要的事情。混乱无序会模糊我们的判断力，让我们无法做出最佳决策。准备工作不一定要花上一个小时，只要一两分钟就可以了，在重新投入战斗之前，你可以退后一步，重新审视全局。

准备和结果是相辅相成的。你准备得越用心，结果就会越好。你准备得越少，结果就越不可控。

最大的好处是什么？当做好准备成为内向者的标准操作系统时，它会帮助我们认识到，成功不仅是可能的，而且是*大概率*事件。

是的，没有什么灵丹妙药可以帮助我们事事成功。但如果我们能养成做好准备的习惯，将其当成日常工作的一部分，我们的信心和成果都会成倍增长……就像有了魔法一样！

行动起来

我们已经探讨了内向者在职场中获得竞争优势的 7 个绝招：

1．学会外向者的语言。

2．为达到最佳表现而进行精力管理。

3．循循善诱地影响他人。

4．建立信任。

5．培养情商。

6．打造你的工作环境。

7．为确保成功刻意准备。

不要担心，不用从一开始就做到完美。所有这些你都可以通过最微小的步骤逐渐养成。随着时间的推移，你会开始感觉到自己的信心在上升，因为你在这个外向者的世界里更游刃有余了。

旅程的最后一个阶段是要弄清楚如何将这些应用到你自己的工作环境和人际关系中。

付出努力是值得的！

第三部分

在职场
蒸蒸日上

我听见你说："好吧，我明白了，做个内向者是件好事。我也明白了，只要心态正确，我就能发挥自身的独特优势，让自己感觉良好，并有所作为。我知道了，我可以为自己是内向者而欢呼，为拥有独特的性格而雀跃。

"但我的老板和同事都没读过这本书，他们觉得大家都应该用同样的方式工作。我能看到自身的优势，但是在我的工作文化中，这些优势并不总能得到重视。那么，我如何才能让它们在工作中发挥作用呢？"

这就是差距。我们内向者能够更加欣赏自己和自身特质，但我们的工作环境可能依然不遂人意，我们不得不按照外向者的标准和预期来行事：

- 在会议上，我们还没来得及理清思绪，就被要求发言。
- 我们和性格强势的人被分在同一个团队，他们会主导团队，忽略我们的观点，不大会跟着我们的思路走。

• 我们得不到晋升的机会，因为我们没有表现出传统的领导技能。

• 我们最终在团队中担任管理职位，而团队却根本不想让我们领导。

• 我们觉得没有人理解我们，没有人重视我们的想法（甚至得不到表达想法的机会）。

• 和高管或上级交谈时，我们常常会感到害怕。

这就是最后一部分的内容。前面我们提到有很多关于内向性格的好书，其中包括一些有用的资源，可以帮助外向型领导者看到提供一个对内向者友好的工作环境有什么好处。其他的书则以研究为基础，阐明了内向者的需求，并赞美了我们的独特。现在，我们需要的不是理论，而是一套简单实用的工具和方法，帮助我们取得成功。

内向者怎样才能在工作中蒸蒸日上？ 对于这一简单问题，本书的回答独树一帜。

我们在第二部分中学到的 7 个绝招能让我们在各种生活环境中出类拔萃。这 7 招任何人都能用，但内向者会发现，它们可以成为自己的第二天性。

有了这些绝招作基础，我们再把注意力转向工作场合。我们会意识到，我们的工作文化发生改变的可能性就和选美选手希望实现世界和平的可能性一样微乎其微。但每一位员工，无论是内向者还是外向者，都能在职场做到以下 6 个关键点：

- 打造你的职业生涯。
- 善于与他人共事。
- 显露头角。
- 领导好你的团队。
- 自信地交流。
- 专注于更远大的目标。

内向者会觉得很有挑战性，因为我们会认为，做到这些关键点需要具备外向者的技能。然而，只要拥有正确心态和思维能力，并熟练掌握 7 个绝招，我们就能利用自身的独特性，在这 6 个方面取得巨大成功。

在接下来的探索中我们会介绍一些实用的技巧。

1 打造你的职业生涯

不要选择一份假期多的工作，而要选择一份不需要逃避的工作。

佚名

还记得你申请第一份工作时的感受吗？对大多数人来说，那一刻既感到害怕又感到兴奋。兴奋是因为你觉得自己一只脚已经踏入了成人世界，害怕是因为你真的不知道工作会是什么样子。当你第一次被录用时，自己体验到了被认可的感觉。你能提供价值，而有人注意到了你的价值，并且愿意花钱让你发挥价值。

第一次面试可能很有挑战性，因为我们不确定对方想找什么样的人。任何关于面试的课程都会告诉我们要有良好的眼神交流，要保持微笑，准备好自己的问题，表现得友好、热情和外向。这些课程会教我们："你要和很多其他应聘者竞争，所以在谈话过程中一定要积极乐观。"

换句话说，我们可能觉得自己应该表现得像个外向者。

"*表现得*"就是问题所在。我们总是试图以某种方式来表现自己，以符合我们认为的面试官想要的形象。如果我们应聘经理职位，就会表现出经理应该表现出来的样子。如果我们应聘销售职位，就会尽量让自己与销售人员的普遍形象相匹配。我们试图让他们相信，我们有能力胜任这份工作。

面试是为了让面试官了解你的真实情况。如果你表现得像另一个人，就是在歪曲自己。你可能会被录用，但一旦他们发现你不是他们想象的那样，你就可能失去这份工作。

这是双向的。你可能会发现，这份工作对我们的期望和面试时所介绍的不一样。你会发现自己的幻想破灭了。一段时间后，你会意识到自己需要选择的是：要么离职，要么迎难而上。

在职业生涯中，你总是需要做出权衡。每份工作都有好的一面，也有不好的一面。对每个人来说都是如此，不管其性格内向还是外向。挑战在于决定什么是你可以接受的。

对于内向者来说，新职位会带来一些特有的挑战。也许你所在的公司没有意识到内向者的独特贡献，期望每个人都能像外向者一样行事：

• 会议充满自由讨论的氛围，期望大家能经常自发地发表意见。

• 深思和默想并不一定受到重视，因为它占用了完成工作的时间。

• 用心良苦的老板们常常觉得，帮助内向的员工变得更投入、更外向是他们的职责，这样员工才能展示出自己的能力。

在公司的晋升之路上都是如此，在你的职业生涯中也是如此。一项研究表明，性格非常外向的人获得高层管理职位的可能性要比性格内向的人高出 25%（因为他们是因外向技能而被选中的）。但内向的人总能成为最有成效的领导者，因为他们拥有独特的思维能力、情商、洞察力和想法。[1]

开始并管理职业生涯的最佳方式就是诚实。对自己和他人都要完全诚实，了解自己的性格，并充分利用自身的独特优势。永远不要试图伪装自己；这太费劲了，而且会禁锢住你，让你在职业生涯中疲于维持这种伪装的人设。

发挥潜在优势

四年级时，老师要求我们从学校图书馆选一本书来读，并准备一份口头读书报告。几周后，我们要向全班做报告。通常情况下，内向者不喜欢被叫到教室前面发言。但我并不担心，因为我有足够的时间准备。（当时我并不知道，做好准备是能给我带来信心的绝招，但我一定是刚好感觉到了。）

然而，当时 9 岁的我还没有学会一项技能，那就是克服拖延。我知道自己有几周的时间来阅读和准备，所以我每天都把任务推到第二天。最后，我忘了这项作业，那本书放在学校的桌子里，不在我的视线范围内。

直到某个周一的早晨。

多米尼女士宣布："今天，我们来听一听你们的口头读书报告。我们将按照姓氏字母顺序发言，每人限时三分钟。"我知道自己有两种选择：站起来承认我没做作业，或者假装我做了。我无法接受第一种选择，所以冒险做了第二种选择。我迅速想了想全班人的姓氏，意识到我将在第三个发言。这样我就有 6 分钟的时间思考该说些什么，并克服恐惧。

这本书有个纸质封套，封面和封底的折页有故事内容和情节的概述，但没有透露结局。我迅速读完了摘要，并在脑海中捕捉了要点，然后编造了几个应用场景，说明这些内容对自己有什么帮助。

我走到教室前面，以"你是否曾经……"开头，阐述了故事的背景。我介绍了主人公，为情节做了铺垫。我基本上是在读这本书封套上的简介，但我尽量不过于频繁地看向它。最后，我说："故事的结局如何？显然我是不会剧透的，但我确实学到了一些东西，我真的觉得很有帮助。"

　　我们花了几天时间才听完所有的报告。结束后，多米尼女士说："你们都做得很好。如果要选出一个'最佳'，那一定是迈克的报告。这的确说明，只要我们花时间准备，就能把事情做得很好。"

　　那时的我并没有表现出正直和诚实，好在从那以后，我在这些方面已有所成长。是的，我是个内向者（虽然我当时不知道内向是什么），如果我被要求在别人面前即兴发言，我总会感到害怕。但我知道，只要我提前得到通知，并有机会准备，即使只有6分钟，我也总能在人群面前表现自如。这是我与生俱来的独特之处。

　　几十年后，这一点没有改变。当我被要求在集体场合发言时，我总会惊慌失措。但只要给我几分钟时间思考一下，我就能上场了。

　　我们都有不同的天赋。内向者在遇到不舒服的情况时会找到应对方法，这样别人并不会看到你的痛苦挣扎。你可能称其为"应对机制"，因为你使用它们已经很久了，在使用时会觉得自己在"作弊"。你认为自己不具备外向者的谈话技巧，所以在使用这些应对机制时有迫不得已的感觉。但如果仔细观察，你可能会发现，它们是你的沟通天赋，而你并没有充分重视它们。

　　当对话变得不舒服时，也许你已经知道接下来该如何在对方没有意识到的情况下转变话题。你会觉得，如果你是个

"被认定为"健谈的人,你就会继续原来的话题,并坚持自己的观点。但这是在用外向者的标准来评判你影响对话走向的天赋能力。这种在当下引导对话走向的能力是一种强大的工具,它更关注过程而不是内容,而这正是内向者的优势所在。

也许你的公司启动了一项新举措,会对你的日常职责产生影响,看起来你将不得不承担超出自己技能范围的任务和项目,你对此感到不舒服。你能做些什么?你可以识别一下哪个角色与自己的天生优势最匹配,并先发制人地主动承担这个角色。简要陈述一下通过协调新项目的一些幕后工作或组织工作,你可以带来什么价值。也许你可以成为跟进项目的联络人,确保每个人都能及时展示他们的成果。

如果你发现自己觉得这是在逃避"真正的工作",那么请记住,你是在以自己的方式主动响应新举措,这样你就能在自己的最佳状态下工作,带来别人无法带来的价值。

通过探索如何创造性地适应不同情况,你可以创造机会,利用天赋让事业蒸蒸日上。诚实地面对自己,了解自己擅长什么,不擅长什么,然后磨炼自己的优势,把它练就到能让你在工作中做出真正的贡献。

别找借口

永远不要让内向的性格阻碍你充分发挥潜力。你应该敏锐地意识到自己的优势，并想方设法将其作为今后职业生涯的基石。它们应该是你的发射台，而不是着陆点。你应该利用它们积极主动地寻求那些可能极具吸引力并能为你的职业带来丰厚回报的良机。

下定决心了解自己的优势并善加利用。别人可能会自然而然地注意到你，而你善于观察，因此能提出更深入、更相关的问题，这些问题可以让整个讨论朝着创造性的方向发展，或者给人们提供新的视角。你可以培养清晰表达观点所需的新技能，比如，建立一个浅显易懂、简单明了的表达结构，为你的观点补充有趣的相关实例。当你学会这些清晰表达思想的技巧后，你就能提高自己的贡献能力。因为这些技巧能助力你向同事们提供宝贵观点。

不要试图一下子学会所有你需要的技能。每当你试图走出舒适区，都会感到不舒服。如果你走得太远太快，就会觉得自己在夏日的沙漠中，没有食物，没有水，没有手机信号。如果你小步前进，舒适区还在不远处，你就能在熟悉的环境中缓慢但扎实地培养新技能。每学会一项技能，你的舒适区都会扩大一圈。

比如，在会议上发言可能已经超出你的舒适区范围。如果是例行会议，看看能否提前拿到会议议程，或者提前询问一下会上要讨论的话题。然后花点时间思考，针对每个话题准备一个别人可能不会提出的且发人深省的问题。

在会议期间，找机会向大家提出至少一个问题。你不必有答案，只需要提出问题供他人思考。如果你很难插上话，那就举手来引起别人的注意。在线上电话会议中，有人会注意到你举手并问你："贝基，你是不是有什么想补充的？"这就是你提问的时机："我觉得有件事我们得考虑一下，你们认为我们的客户会如何看待这一变化？"

就是这样，人们会注意到你的贡献。如果你经常这么做，你的技能就会变得得心应手，你也会因为给团队提供了有价值的观点而建立起声誉。

无论你处于职业生涯的哪个阶段，总要做出承诺，在某个领域有所成长。慢慢地为自己投资，复利效应会给你带来强大的影响。

打造长期职业生涯

多年来，在我举办过工作坊的公司里，我遇到过成千上万的员工。我经常问他们："你在这工作多久了？"得到的答案通常是三十或四十年。我常常会说："哇，真了不起！你一定很喜欢你的工作，才会在这里工作那么久。"有些人会说是的，但通常的回应是："不，这只是一份工作。但退休福利很好，这就是我工作的目的。"他们往往很清楚自己还有多久要退休，哪怕还有十年或更长的时间。

我现在很少听到这种说法了，因为退休金计划不再是常态。但我常常在想，有多少人其实不喜欢自己的工作，对他们来说，工作是谋生手段，很安逸，所以他们只是为了工作而工作。

如果你还没有发现如何打造适合自己的工作环境，以培养自己的独特技能，那么你可能会和他们一样。如果你意识到你可以完全做自己，你就会被自己的能力所驱动，通过你的贡献创造出指数级的价值。

学着成为最好的"自己"，就能打造长期职业生涯，让你每天早上都想起床去上班。这就是为什么你选择工作的时候，要看它是否能给你带来能量，而不仅仅看它能给你带来多少钱。找出你独特的优势和劣势，然后与你正在考虑的职位要求去比对，看看自己是否适合这个职位。如果你已经不是第一次找工作了，那么可以用同样的方法评估自己目前的工作（或潜在的新工作），看看它能否激起你的热情以及对你目前的专业水平来说是否有足够的挑战性。

我们都听说过这句话："在哪里扎根，就在哪里绽放。"这并不意味着你永远不能换工作或换雇主；这意味着对自己的投资可以决定一份工作有多"好"。如果一个花园的花草没有盛放，给已经种下的植物施肥往往比换掉所有植物更容易。

无论你处于职业生涯的哪个阶段，你都要关注那些能让自己的职业生涯更有意义的微小的成长领域。请思考以下这些实用方案：

· 在每周开始之前，有意识地制定自己的日程表。如果其他人可以查看你的日程表，那要确保你已经留出了足够的时间来休整、准备和完成工作。如果你不先安排好自己的日程，那么你的时间就会被其他人的优先事项占用。

· 了解并利用自己独特的优势，不要和他人的优势去比较，完全做你自己。有些人可能擅长电话沟通，但你可能更擅长撰写令人印象深刻的电子邮件，设计简洁而有说服力的演示文稿。

· 意识到休息时间不是可有可无的，并将这个观念融入日常生活。每次有一个重要的演讲、团队会议或专题讨论会时，都要酌情安排前后的休息时间。如果你的同事在一天的工作结束后约着出去玩，你可以毫无歉意地拒绝他们的邀请："爱你们，但我需要休息。"

· 判断什么样的环境能让你充满活力，并常常让自己处于这种环境中。可能是待在家里某个安静的房间，可能是清晨去本地的海滩或公园，也可能是午餐时间在车里小憩片刻。

· 分析你的社交需求，并根据这些需求安排自己的时间。

如果你约了人喝咖啡，那么告诉对方你需要在什么时间离开（并按时离开）。如果去参加社交活动，那么记住你不必和房间里的每个人交际。如果你能和一两个人度过一段美好时光，那么这次活动对你来说就是成功的。

•创造性地发挥你的优势。在会上倾听大家的讨论，做笔记，在头脑中解决问题，然后在会后向利益相关者发送一封总结邮件，并附上经充分思考后的解决方案。你正在用自己独特的技能做出有意义的贡献。

如果你想在整个职业生涯中蒸蒸日上，那么就做你自己吧！了解自己真正的优势是什么，拥抱它们，并找到创造性的方法来发挥这些优势。永远不要和别人比较，因为他们不是你。永远不要为了给他人留下深刻印象而假装外向。你越是做自己，别人就越会对你刮目相看。

这是性格和能力的结合。如果你学会完全做自己，那么就可以在任何环境中蒸蒸日上，同时忠实于自我……在你的整个职业生涯中都会如此。

2 善于与他人共事

有时，你从遇到某个人的那一刻起就知道，你
这辈子都不想和他有交集。

佚名

———

得到新工作就像是搬到了另一个国家。你身处一个新的
环境中，周围都是你不认识的人。这里有不同的文化，你和
这里的人可能"语言"不通。他们互相都认识，而你却觉得
自己是个不速之客。他们知道如何在这种环境下工作，而你
却是初来乍到。他们知道洗手间和复印机在哪里，也知道该
向谁去要自己需要的东西。

这很不舒服。你是新人，你觉得每个人都在打量你，而
你也在打量他们。你假装自己没事，并努力表现出你对成为
这个团队的一员有多兴奋。根据过往的经验，你知道自己能
融入新环境，但感觉难度有点大。如果是居家办公，你还不
得不借助网络技术而不是和同事线下共事来融入新环境。

你可能会有换上睡衣蜷缩在沙发上吃奶酪泡芙的冲动。但当你开始行动时，这种冲动就会消失。当你意识到*有人给你发着工资，希望你融入新环境并步入正轨*，那么向前迈进是一个简单的选择。

现实是，你现在是团队的新成员。这些人不一定要成为你最好的朋友，但当你弄清楚该如何与他们共事时，你的事业会开始蒸蒸日上。关注你们的共同之处：你们都是在为老板做事，帮助公司向前发展。

没有哪家公司会在聘用你时说："我们知道你需要钱，所以只要你来，我们就给你钱。"他们聘用你是因为他们相信你能帮助公司取得成功。他们在你身上下注，是因为你的表现会给他们带来比付给你的工资更大的投资回报。

得到聘用应该是令人鼓舞和振奋的，因为你通过了第一关——面试。有人肯定了你的能力。你已经"启动"了这场新的历险，现在你可以把自己的学识、经验和技能发挥出来。你会有所作为，公司也会因为你的加入而变得更强大。

赢得信任是第一步

人们常常会跟新人说："我们在这里是一家人。"不要相信这种说法，你和他们不是一家人，也不应该是。工作团队的成员不是一群兄弟姐妹，兄弟姐妹可以随意争吵，制造混乱，打打闹闹。而同事需要为了一个共同的目标而携手合作，这意味着你和他们做的事情与和家人做的事情不同。然而，你和同事会有很多共处时间，所以要和他们建立适当的关系，让工作过程变得顺利又愉快。

他们不了解你，你也不了解他们。初来乍到的你如何恰当地与同事建立关系呢？

我们都见过新人想尽办法讨好同事，试图证明自己多么能干，多么友好，多么具有协作精神。作为团队新成员，他们会提出新的且不同的做事方法来简化流程或以更高效的方式一起工作。他们试图证明自己的价值，但这种做法往往适得其反。

原先的团队成员非但不会被打动，反而会想："*你以为你是谁？凭什么来改变我们的做事方式？你甚至都不了解我们，却说我们的方式不够好。*"说这么多，中心思想就是："你不是我们的一员。"

与其试图打动你的新队友，不如想办法赢得他们的信任。一个简单的办法是向现有的团队成员提问，了解他们是如何开展工作的。加入进来，向他们学习。你可以这么问："你们做这个已经很久了，你们的整个流程是如何运作的？"你这样问是在承认他们的专业技能，有助于你和整个团队建立联系，因为你不是在试图给他们留下深刻印象。

一旦你了解了工作流程，并作为团队中的一员一起和大家工作了一段时间，你就可以提出一个简单的调整建议，为工作简化流程。由于你已经建立了信任，你的意见不会被排斥，而会被接受，因为你被视为团队的一员。

这个方法对内向者来说很自然。你是在做自己，而不是在假装。你是在为周围的人服务，而不是在说服他们喜欢你。把帮助他人变得更好、更强当成自己的目标，因为你真的在给予他们支持。

你的同事中有些人性格外向，有些人则性格内向。你可以把他们视作独立的个体，和他们建立一对一的关系。这就是*建立信任和培养情商*的绝招，你需要和他们每个人建立独特的个人关系，而不是与整个团队建立关系。

以你的能力和性格为先导。能力表明你能够做好这份工作，从而树立起自己的威信。性格则表明你渴望建立信任，当你抱着为他人服务的心态时，信任就会油然而生。

与外向者建立关系

一旦你们建立了信任，就可以探索更有效的共事方式，让大家在交谈时很自然地接受内向者的方式。

比如，你想和团队中某个外向者建立关系。找些时间和他们单独相处，然后问一些问题来了解他们的背景、兴趣爱好，以及他们在公司的最佳工作方式。了解他们的独特需求，探究他们的成功之道。让他们知道你重视这些信息，因为你想尽自己所能支持他们。

他们可能会说，如果有人向他们描述想要什么，或试图向他们说明做某件事的理由时给出太多细节，他们会不耐烦。他们表示："我不想知道所有的背景信息，我只需要他们说出自己的想法，告诉我他们需要什么，然后可以由我来提问。"

你可以这样回答："你的反馈太有帮助了。我的工作方式和你的不同，我往往会关注细节。所以，我来找你谈事情时，我应该言简意赅地说出要点，这样你就能理解我的基本想法，然后在你提问时我再提供更多细节，是这个意思吗？"

这样的对话让你有机会简单地告诉对方自己的最佳工作方式是怎样的，因为他们刚刚告诉了你他们的工作方式。"在开会或交谈时，我需要更长的时间来消化别人说的话。在此之前，我不会分享自己的想法。所以，我不会在会议上说太多，但我可以稍后再提出一些精心构思的解决方案和想法。而且，如果工作环境不让我为难，我的工作表现会达到最佳，我可以带来完全不同的视角，或者提出别人没有想到的问题。"

下次参加会议的时候，你可以笃定的是外向者不会再当场要求你提出想法，但他们也不会因为你没有主动发言而忽视你。他们知道你能提供一些有价值的东西且会说，一旦你想清楚了，就分享出来。他们甚至可能会问你："我知道你对这些事情考虑得很仔细，你觉得我们有什么遗漏吗？或者你觉得我们说的话有什么不妥吗？"

这种方法不是在操纵他人。对于内向者来说，这是一种真诚的方式，可以通过探索每个人的独特性来了解他人，同时也让自己有机会将自己独特的工作方式公之于众。

与老板的相处之道

性格和能力也是赢得老板尊重的关键。大多数情况下，你可能不会像对待同辈和同事那样，一开始就邀请老板共进午餐或和他们建立关系。他们聘用了你，也正在考察你，看看自己是否选对了人。

你应该怎么做呢？你已经知道如何能把自己的工作做好，你在团队中是积极分子。如果你能主动出击，在某些方面超出他们的期望，你就能在团队中脱颖而出。因为你已经通过自己的表现与他们建立了信任。一旦建立了信任，你就可以利用它来表达你的独特需求。

进行一对一谈话或绩效评估时，你的老板可能会建议你"在会上更投入一些"或"为团队贡献更多想法"。这表明他们的思维方式是外向型的。因此，这是一个机会，能帮助他们了解你在他们的期望范围内能够做出哪些独特贡献。认真倾听他们的建议，让他们知道你愿意在他们建议的方面有所提升。不要像说教一样告诉他们内向者的独特需求，而是以善解人意的方式，用实际的想法和替代方案向他们展示你真正投入工作的方式和他们想的不一样。

我们学习的第一个绝招是*学会外向者的语言*。这可能是一个教你的外向型老板学习内向者语言的好机会。和他们讨论一些你学到的外向者的常用词汇和说话方式，问问他们的看法。你还可以举例说明内向者如何以不同的方式表达同样的意思。你也可以帮助老板成为熟悉内外向语言的"双语人"！

让你的老板知道，你不善于在会议上抛出想法。你最能做出贡献的方式是倾听大家的想法，并对其进行思考加工，从而形成创造性的观点和解决方案。告诉他们你特别擅长在讨论中发现被忽视的东西，这样也许你可以通过提出关键问题而不是分享新想法来实现他们提出的"在会上更投入一些"的建议。你也可以建议老板允许你在会上保持沉默，在会议接近尾声时再向你提问："我们是否遗漏了什么？还有什么我们没想到的吗？"

这是向你的老板证明自己价值的方式，即提醒他们，团队中的内向者拥有丰富的知识和洞察力，可以造福每个人，并为各种讨论带来全新的创造力和深度。

出现需要老板关注的问题时，千万不要只是抱怨。运用你的观察和分析能力，清楚地描述出正在发生的事情，以及它对工作效率、士气或其他方面造成的负面影响。然后提供可能的解决方案，包括实施这些方案所需的条件。他们可能不会采用你提出的所有解决方案，但你对这个问题已经有了深入思考，一直在积极主动地用自己的方式帮助他们。如果合适的话，你可以主动提出由你带头实施解决方案，或者和他们一起制定新的解决路径。

这就是员工附加价值的意义所在。你的老板冒着风险聘用了你，希望你的贡献能够为他的投资带来指数级的回报。大多数人都努力做好自己的工作，而内向者有更多可以挖掘的潜质，可以创造出一些不为人知的价值。当你提出一个精心打造的解决方案时，就会因为提供了独特的价值而声名鹊起。

几个简单的步骤

建立人际关系并不像火箭科学那么复杂，需要你真诚地关心别人，而不是让别人来关心你。你能做的大多数事情都是常识性的事情，但常识不一定是普遍做法。

以下是舒服自在地与他人建立关系的方式：

不要伪装。做你自己。

采取主动，率先迈出第一步。内向者往往不会主动与人交谈，因为我们不确定对方会如何回应。许多人也有同样的感觉，他们都在等别人来打破僵局。如果你第一个打招呼，那么你就已经启动了这段关系。

提出开放式问题。人们喜欢谈论自己，如果你对他们的关注是真诚的，他们会跟你很好地互动。通常他们会接着问你同样的问题，所以请提前考虑好你的回答。

在社交媒体上关注他们。评论他们发布的引起你注意的内容（比如小狗照片，而不是政治观点）。

进行眼神交流。这对于内向者来说往往不难，而且这是能建立真正联系的最快方式。有人把眼神交流叫作"情感上的握手"。（疫情的关系，大家用碰拳代替握手，"情感上的握手"可能会被称为"情感上的碰拳"。）

寻求帮助。任何时候，当你寻求建议或帮助时，你都是在认可对方的专业知识，表示尊重他的意见。不用想太多，你这么做就已经肯定了对方。

保持微笑。微笑会让你更具亲和力。你不用夸张地假笑，不管对方是谁，只要让你的表情表现出你很高兴遇到他就好。

改善体态。这点听起来很老套，但好的体态会散发出自信。这种自信让人们愿意和你交流。不要把它当作噱头，要先培养自信，然后确保自己的举手投足能体现出这种自信。

参加社交活动，但要重新考虑你的目标。当你不得不参加某个会议或专题讨论会时，你不必和在场所有人都有交流。你的目标是进行两到三次有意义的对话。和你已经认识的人进行一次对话，再至少和一个你未曾谋面的人进行交流。探寻你们之间的共同点，交谈时长以舒适为宜，而不是和在场的每个人都浅聊几句。然后你可以早点离开，以便让自己恢复精力。

落到实处

如果你想在工作中建立人际关系，那就成为一名"社交型内向者"吧。这意味着你可以保留自己所有的独特优势和特点，在最舒适的区域里完全做自己。同时，学会与人建立关系，这并不难。只需每天在工作中增加一点点交流，就像短暂休息一下一样简单。你可以到别人的办公隔间里问候一下："我稍微歇会儿，你还好吗？"看看他们怎么说，然后第二天继续跟进，再去打个招呼交流一下。

有一种关于内向者的陈旧观念认为，在工作中为了出人头地而假装对他人感兴趣是不诚实的。你需要改变这种观点，采取简单的步骤，培养我们讨论过的建立关系的技巧，你这么做完全是诚实的。

你正在尽自己所能成为最好的"你"。

3 显露头角

世上只有一件事比被人议论更糟糕，那就是没有人议论你。

奥斯卡·王尔德（Oscar Wilde）

———

内向者最喜欢用"隐形"来保护自己。

每个内向者都不一样，所以下面的假设不一定适用于所有人。但总的来说，我们倾向于选择靠后的位置，而外向者喜欢靠前的位置。我们会选择靠近边缘的位置，而外向者会选择中间的位置。我们喜欢待在家里，而外向者期盼外出。我们喜欢把事情放在脑子里，而外向者喜欢把事情说出来。

我们需要付出努力才能打破自己的默认设置。内向者通常不善于自我推销，所以我们需要有意识地选择克服惰性，让别人看到我们。外向者很容易表现得外向且引人注目。如果他们意识到有必要后退一步，让别人成为焦点，他们需要刻意为之才能做到。

内向者常常被埋没在幕后。我们可能工作出色，做出了具有创造性和战略性的巨大贡献，但其他人却注意不到。人们可能会认可我们，但我们并不是"焦点"。

要想在工作中取得成功，就必须有所作为。如果你显露头角，你就有优势。如果你不露圭角，就会处于劣势。你可能会把工作做得很好，但如果你默默无闻地工作，人们就不会注意到你。内向者如何才能在不假装外向的情况下让大家看到你、认可你，并听到你的声音呢？

克服惰性

我12岁那年患上了单核细胞增多症，不得不休学在家6周。我的父母每周都会去老师那里取几次作业，带回家让我完成。这是我度过的最美好的6周学习生活。我可以心无旁骛地按照自己的节奏学习。在那段时间，我学到的东西可能比自己在此之前的任何课堂上学到的都要多。我表现得很出色，但没人关注我。我不得不承认，病愈返校，不能再一人独处，对我来说是个挑战。

独处的感觉可能很好，而且这种好感觉可能会持续一段时间，我们也很容易适应独处。不幸的是，职场中并非如此。完全内向是可以的，但我们不能完全独来独往地工作。即使是内向者也需要与他人交往，特别是当我们想获得别人的关注时。

居家办公给我们带来了挑战。它看似理想，因为我们只需完成工作，无须社交互动。但一段时间后，我们很容易习惯于独自工作，变得过于内向，失去活力。我们会沉浸在自己舒适的内向状态和安静的生活方式中无法自拔。每个内向者都需要一定程度的社交来保持活力以及与他人的联系。

关键是要找到合适的平衡点。如果你过于独来独往，要扭转过来很难，需要有意识地努力克服惰性，才能重新适应线下办公的状态。首先要转变心态，从*我必须与他人共事*转变为*我可以与他人共事*。这意味着要认识到在低刺激环境中工作的价值，同时要看到人际关系的价值，无论是个人之间的还是工作上的关系。

最近一项研究对治疗师进行了调查，请他们就如何成功过渡到线下办公提出建议：

- 提出问题并提前计划，这样可以让大脑平静下来。

- 提前去趟办公室，看看有没有什么变化，比如你的办公桌换到了新的地方，或者公司启用了新技术。

- 不要轻视那些看似幼稚的问题。如果你在家从不穿鞋，那就申请在办公室也能不穿鞋办公。如果你想念自己的宠物，那就安装一个家用摄像头来查看它们的情况。

- 先为失去在家工作的机会而悲伤，再关注回到办公室后的收获。列出你的优势，并将它们作为自己增长技能和提升能力的机会。[1]

自我暗示很重要。与他人互动可能会让你感觉很累。别人似乎都有无穷无尽的精力，怎么互动都不嫌多，只有你需要休息充电。请记住，你的目标是用一种既能展示自己所做的工作又适合自己的方式与他人互动。

确保在你的日程表中留出独处时间，以便能为自己的油箱加满油。同时，确保自己有时间经营一些重要的人际关系，以便能为他们的油箱也加满油。否则，你有可能变得像"死海"一样。水流进来，却永远流不出去，最后变成一个无法生存的地方。

变得有存在感

假设你所在的团队定期开会。无论是线下还是线上，每个人都倾向于以自己最舒适的方式参与其中。团队成员的个人性格将决定团队在工作时的互动状况，通常是外向者起主导作用，内向者则需要更加用心，才能让别人听到自己的声音。

改变这种状况的方法之一就是选择走出自己的舒适区，做一些不同寻常的事情。这是内向者的优势，因为你可以运用自己的那些绝招来影响团队协作的方式：

- 用你自己的方式交流，那是你的超能力。

- 任何时候，如果你想不出要说什么，就提出一个问题。这样你既是贡献者，也是引导者。

- 说话简明扼要。几句话就能说出很多内容，从而建立起口碑。

- 不要惧怕外向者，要和他们建立伙伴关系。

- 不要认为外向者试图用他们的评论来压制你。他们只是在分享观点，可能根本没有注意到你。

- 与其他团队成员一对一交流，建立真正的关系。发掘你在小组会议中可能没有展现出来的成就和经验。

- 出色地完成工作。通过分享而不是吹嘘，让别人知道你做了什么。

换句话说，要充分展现自己。在团队中工作时，不要只关注任务的细节，而要关注每个人的独特性，承认它并加以利用。我们尤其擅长认识到大家的独特性，这能让我们在团队中的影响力提升到全新的高度。

内向者通常会分享自己的专业知识，但不会分享自己的日常生活。这样做可能会让你觉得没那么容易受人攻击，但却因此失去了建立真正人际关系的最佳工具。让别人了解你，了解你工作之余的生活吧。

始终从你的优势出发，而不是从你认为别人对你的期望出发。显露头角并不是一种表演，而是一个展现真实自我并利用自己独特能力的过程。我们往往把注意力集中在自己不具备的技能上，希望自己能具备这些技能。相反，我们应该关注自己拥有的技能，你在利用自己的优势时总是最有力量的。

比如，对于内向者来说，通常最有效的方法是把我们的想法写下来，而不是口头说出来。这两种表达方式都有用武之地，但要学会在合适的时机充分利用电子邮件、恰当的短信以及其他文字形式表达自己的想法。如果你们公司有通讯简报或博客，可以自愿为下一期撰写文章。这是一种利用自己天赋的简单方法，可以立刻提高你的知名度，甚至超越你所在的团队。

多年来，我一直为一家大型制药公司的一个部门办研讨课。随着时间推移，这个部门的大多数人都认识了我，因为他们参加了不同的研讨课。我问该部门的负责人，他们是否有一份全公司范围的通讯简报，如果有，能否告诉我编辑的名字。我向该编辑提议，希望开设一个简短的每月专栏，谈谈工作场所的实际生产力。编辑同意了，于是我连续几年为这个专栏写文章。结果，我在整个公司获得了曝光，并多次被邀请在不同的活动上发言，并为其他部门举办了研讨课。

这种工作方式既能发挥我的特长，又大大提高了我在该公司的知名度。我每月写大概四段文字，通常只需要花 15 分钟。就这样，我成了他们的首选主题培训专家。

永远不要低估发挥自己的优势所产生的价值。始终要寻找创造性的方法来显露头角，而不是仅仅靠多说话来获得存在感。

线上受关注

我们讨论的所有内容也适用于线上环境。如果你部分时间或全部时间都居家办公，就会发现其中的挑战。除了在会议中要找机会发声这一常规挑战外，还要克服与其他人同时出现在屏幕上交流所带来的不适感。我们经常会有这样的感觉：某些人在讨论中处于主导地位，彼此争相发言，而其他人则在沉默中煎熬，因为他们不知道如何能插上话。

线上受关注并不只是因为人们能在屏幕上看到你。和线下会议相比，它需要更用心，但这并不难，只需要稍加努力，你就能"现身"。

在大多数线上会议中，我一直充当聆听者和观察者，以我最擅长的方式参与其中。这让我可以在不说话的情况下进行思考，但也让我默默无闻。我意识到，在线上会议中发言的人会被认为更有能力，有更大的影响力，所以我知道我需

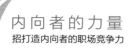

要贡献自己的价值。以下是对我帮助最大的几点：

　　我转变了心态。通常当我想要提出一些观点时，我会觉得这样做是为了改变别人对我的看法。我在想，如果我在会议上说了些什么，他们会如何回应？他们会怎么看我？这值得提出来吗？如果我搞砸了怎么办？这些问题的出发点都是我自己。转变心态之后，我觉得自己努力发言是为了贡献有价值的东西，而不仅仅是为了被注意到。这种简单的心态转变给了我一个合理的理由，让我说出一些别人需要并会记住的东西。

　　我追求发言的质量，而不是数量。我发现自己不需要在整个会议过程中不断发言来引人注目。我只要保持思想上的投入，总能提出一个澄清性问题或给出一个视角供大家参考。如果我在每次会议上都发言一次，就能让人们注意到我。

　　我会提前找到会议议程（如前所述）。有时有些会议可能没有书面议程，但我至少会联系负责人，看看能否了解到我们将要讨论的内容。这样我就能提前思考问题，就能至少专注一个自己可能会带来价值的领域。

　　我会在聊天区写评论。有时我可能有话要说，但又觉得线上这么多人，开麦发言会让我感到尴尬。我发现，如果我在聊天区提出一个简明扼要的想法，领导很可能会注意到，并要求我开麦发言。然后我就可以补充自己准备好的简要说明。（我还学会了不去评价别人的评论，比如，我不会在聊天区输入"好主意"或"我同意"之类的文字。我写的任何内容都要能为讨论增添价值。）

我会率先发言。我经常有好主意想要分享，但一直在等待合适的时机再提出来。于是经常发生这种情况：不是时机不成熟，就是别人先分享了同样的想法。我发现如果自己早点发表意见，就会让我成为一个积极的参与者，即使我只分享了只言片语。人们常常会提及我的意见，因为那是他们在会议上最先听到的意见之一。

我会提出问题。提出一个发人深省的问题比提出新想法要容易得多。"我们一直在讨论（某个话题）……如果我们从这个角度来思考一下呢？"问题可能会引发进一步讨论，而附和则可能被直接忽略。

我会提及大家避而不谈的事情。我发现，如果我对讨论的方向感到担忧，其他人常常也会有同样的感觉。当我谨慎地提出这个问题时，会为其他人创造机会，让他们发表他们的看法。

有了正确的视角，线上会议可以成为内向者的绝佳平台，而无须改变我们自己。

必须进行社交吗？

*我必须进行社交吗？我真希望不需要。*想到社交时，大多数人都会想象自己在一个满是食人鱼的池塘中游泳，被活活吞噬的概率很高。那么我们为什么要进行社交呢？

然而，如果我们重新定义社交，就会发现它是增加我们在事业上和工作环境中的个人满足感和知名度的重要途径。社交的目的并不是为了结识一群自己不认识的人，然后彼此留下深刻印象并交换名片，而是以正确的方式结识正确的人，帮助我们服务他人、共享资源并建立关系，从而在未来成为合作伙伴。收集名片没有任何价值，但对扩大我们的影响圈却有很大价值。

社交通常发生在正式活动中，目的是尽可能多地结识朋友。大多数内向者不会参加这类活动，因为它们是围绕外向者的特殊技能而设计的。如果我们受到邀请，我们第一个想法就是：*我到底为什么要去参加？*

更常见的情况是，我们在大型专题讨论会或大型会议上进行社交，其中有主会场的会议，也有分组会议，中间还穿插着供大家"交际"的休息时间。如果会场有三百人，可能会让我们感到不知所措。参与人数众多的简单社交活动也是如此。我们可能希望让自己更加引人注目，所以我们参与了，但我们却迫不及待地希望它能早点结束。

以下这些观点能让社交变得更有价值，也更符合内向者的性格：

• 不要试图结识尽可能多的人，只需事先决定你想认识谁。把注意力集中在少数几个对你的职业生涯有益（同时你也能为他们的职业生涯增光添彩）的合适人选上。

• 对内向者来说，社交会让人感到做作且尴尬。你可以转换思维，把社交看作展现个性和风格的有效方式。你的独特创造力可以让自己找到方法，建立一些能立刻带来价值的有意义的人际关系。

• 早点到达活动现场。早到的人比较少，这样你就不用走进人堆里。这样也更容易找到你想接触的第一个人。找出你和对方的共同点（可能是对这个活动的感受）并由此展开对话。

• 记住你从接触的第一个人身上了解到的东西，并在与其他有共同话题的人交谈时介绍给对方。你扮演的是轻松友好的东道主角色，为他们提供了方便，因为他们在你的引荐下，轻轻松松就互相结识了。

• 大多数情况下，想要和对方建立人际关系，就要对他表现出兴趣。同时，比较自然的方式是向他分享自己的观点和经验。如果不这样做，交流就会变成单方面的。不要试图在谈话中强行介绍自己的成就，但如果在谈话中自然而然地需要提到你的成就，那就要准备好，要能清楚地陈述出来。隐藏自己的优势是不诚实的，就像过度吹嘘自己会让人觉得你很傲慢一样。你要做真实的人，分享真实的生活。

• 接触工作团队之外的人。社会学家罗纳德·伯特（Ronald Burt）谈到了"创意困境"，即如果没有外部的意见，团体的思维方式就会趋于一致。他写道，那些社交网络延伸到其他群体的人"更有可能想出好主意"。[2]

走向光明

保持默默无闻要更容易，采取措施让自己显露头角可能会让你不安。但在你的职业生涯中，显露头角是成长和进步的必要条件。如果你觉得自己的工作没有前途，没有任何改变的希望，这就是个很好的信号，说明是时候迈出步伐了。

好消息是，如果你迈出的步伐足够小且符合你的性格，你就不会感到不安。内向者会对一个没有发挥出自身特长和技能的变化过程感到不舒服，这完全正常。如果我们走自己的路，就会真正有希望感受激情，获得成长和经历冒险。

恐惧就像蟑螂。当它们在黑暗中不被察觉时就会繁衍壮大，但开灯就能把它们赶跑。

准备好迈出第一步，走向光明了吗？

4 领导好你的团队

那些不倾听他人意见的领导者，最终周围留下的都是毫无见地的人。

佚名

───────

一百年前，职场中的领导方式与今天不同。那时大多数人在工厂车间里工作，老板会在高处有一个"角落办公室"，他（一般都是男人）坐在那里，俯视着整个工厂的运作。工厂有规定的工作方式，领导的工作就是确保一切符合标准。如果有不合标准的地方，他就会派一名经理下去责骂做错事的人。人们可能会因为微不足道的错误而被解雇且无权申诉。

那真的不是在领导，而是在*指挥*。领导是大家都跟着你，而你要做那个先行者。指挥则是你站在大家身后，告诉他们该做什么。

有一次，艾森豪威尔总统在白宫的总统办公室被问及他的领导理念。他在办公桌上找到一根绳子，然后让客人拽着绳子的一端往前推，结果毫无作用。艾森豪威尔说："用拉的方式，它就会跟你到任何地方。而用推的方式，它反而哪也去不了。"[1]

如今，我们明白，真正的领导力是能够激励人们去做他们想做的事，而不是强迫他们去做。这是一个激励人们采取行动的过程，而领导者会成为大家愿意追随的人。

但为什么会这样？该如何领导？什么样的人会吸引追随者？

内向者能成为领导者吗？

领导者的实质

与之前相比，我们已经有了长足的进步，对什么才是真正的领导力有了更清晰的认识。我们知道，有效的领导能够激发人们对公司和自身发展愿景的憧憬，并激励他们为实现这一愿景而行动。

人们仍有一种刻板印象，认为领导者能不能带好团队，完全取决于他们的个性和魅力。这往往会让我们认为，如果我们不会哗众取宠，没有足够的魄力或决策力，就不能成为优秀的领导者。我们会想起像马丁·路德·金、丘吉尔和罗斯福夫人这类杰出的激励者，并认为是他们外向的性格使他们具备了独特的领导能力，但其实这三个人都是内向者。

实际上，房间里最安静的人也有可能成为最有能力的领导者。这是《从优秀到卓越》（*Good to Great*）一书作者吉姆·柯林斯（Jim Collins）在研究中得出的结论。他研究了数百家拥有世界一流领导者和创新者的成功企业。他的结论是，个人魅力在很大程度上与成功的领导力无关，甚至可能对领导力不利。[2] 他指出"领导力不在于个性"，并称他在研究各个公司时发现，许多最优秀的领导者都没有他称之为"魅力加分项"的东西。[3]

外向者绝对可以成为强大的领导者，而内向者也可以。一些我们已经提到过的名人，比如阿尔伯特·爱因斯坦和亚伯拉罕·林肯，还包括梅丽尔·斯特里普、艾萨克·牛顿爵士、马克·扎克伯格、玛丽莎·梅耶尔、阿尔·戈尔、迈克尔·乔丹、弗雷德里克·肖邦、史蒂夫·沃兹尼亚克、劳拉·布什、罗伊·罗杰斯和 Lady Gaga，[4] 他们都是内向者，但他们能够激励他人以不同的方式思考和行动。这些人了解自己的内在优势，并利用它们来影响整整一代人。大多情况下，给他们带来力量的正是内心的自信和能力，而不是他们自然而然就能掌控谈话的能力。

外向者往往会在领导其他外向者的时候遇到困难，他们因为外向而过于忙碌，无暇倾听和应对团队中出现的所有问题。而内向者天生擅长倾听，并倾向于以冷静的态度做出回应，让他人可以安心分享意见。

最优秀的内向型领导者知道如何利用他们后天习得（有意培养）的外向型技能和他们天生爱反思的习惯。这意味着他们可以完全做自己，他们已经确定自己需要哪些外向型技能，并会努力培养这些技能。他们不会变成外向者，而是学会用外向者的语言进行沟通（绝招之一）。

在培养领导技能时，思考一下内向者运用绝招带来的效果：

- 我们用词谨慎，三思而后言。
- 我们观察房间里的动态。
- 我们利用好奇心，纵观全局。
- 我们愿意与他人分享荣誉，并承认每个人的贡献。
- 我们深思熟虑，会反思我们的言行。
- 我们更看重脚踏实地的过程，而非一蹴而就的成功。
- 我们了解战略的价值所在，不会急于求成。
- 人们会认为我们很有策略，因为我们会花时间把事情想清楚。
- 我们以能够提出深思熟虑的想法而闻名，而不是以讨论想法时精力充沛而闻名。
- 我们沉默寡言，做事节奏慢，但我们用与生俱来的真诚加以弥补。

此外，我们也应该认识到内向者担任领导角色会遇到的障碍。《内向者沟通圣经》（*The Introverted Leader*）一书的作者珍妮弗·康维勒（Jennifer Kahnweiler）着重强调了内向者需要解决的六个主要障碍：

1. 精力不济——在高互动的环境中，我们更容易精疲力竭。

2. 快节奏——如果需要在没有时间对数据进行思考的情况下做决定，会让我们很有压力。

3. 被打断——在小组分享时，我们喜欢停下来思考，但外向者会认为我们已经发言完毕并随之插话。

4. 自我推销的压力——老板不可能关注每个人的成就，所以内向者很有必要让人看到自己的成就。

5. 以团队为重——团队因为能产生很多能量而看似高效，但我们独自工作时效率更高。

6. 负面印象——因为内向者不会点头附和，人们常常认为我们不感兴趣。[5]

总而言之，谁是最好的领导者，外向者还是内向者？最好的领导者是那些学会了如何做真实的自己的人，他们充分利用自己的独特性，并学习那些对他们来说不那么顺手的基本技能。这与魅力或个性无关，而与能力和人际关系有关。判断一个人是否是优秀的领导者要看他在忠于自我的同时如何处理重要情况，如何激励团队实现重要目标，以及如何激励团队里的各位成员。作家史黛丝·拉斯托（Stacey Lastoe）说：

> 做自己，做自己的领导者。不要因为觉得自己的优势不如其他性格类型的人就贬低自我。如果你喜欢戴着耳机坐在办公桌前工作，那就不要因为你的同事总在办公室的咖啡区讨论各种想法就强迫自己加入其中。你是个善于观察、洞察力敏锐且善于读懂事态的人，如果你不欣然接受这些特质，那么这对你来说是巨大的损失。[6]

优化你的领导力优势

作为内向者，领导力中最重要的部分是做真实的自己。外向者擅长同时和整个团队沟通，而内向者擅长与团队成员建立一对一的关系。任何能帮助你更有效地做到这一点的技能都值得你掌握。

你的团队中可能有各种性格的人。作为内向者，即使他们没有表现出来，你也能察觉到他们的想法和感受。你能够营造一种环境，让每个人都能以自己的方式安心分享想法。

这并不意味着那些沉默寡言的人会自然而然地参与到每次讨论中，这意味着内向和外向的人都能了解每个团队成员能做出什么贡献，并学会重视这些独特的贡献。

在这个过程中，领导者的角色是什么？是了解每个人的个性，了解如何才能让他们真正有安全感。

有一种常见的领导哲学认为，你不应该与员工成为朋友，因为这会让你在他们需要指导时更难做出抉择（也会让其他人觉得你在偏袒某些员工）。把握这个微妙的界限具有挑战性。你的主要职责不是成为他们最好的朋友，而是成为他们的领导者。这意味着你要学习领导他人所需的技巧，让自己充满力量和自信，同时也要了解他们的真实情况。了解工作之外什么对他们来说是重要的，什么是他们的动力，他们面临着怎样的挑战，以及他们对未来的职业生活有怎样的憧憬。当你真诚地去了解，而不是把它当作一种管理技巧时，就会建立起信任，这将为员工的忠诚度和工作表现奠定基础。

有意识地定期与每个员工进行交流，别太刻意，随意一点。不要在办公室里和他们面谈，给自己留足时间四处走走，和走廊里路过的人聊聊天。了解他们的近况，跟进他们在之前的谈话中可能告诉过你的事情。

"你女儿在几周前的垒球比赛中表现如何？"

"你之前说要去山里度假，你去了吗？玩得开心吗？"

"上周宣布即将发生变动的时候你在吧，你有什么看法？你是个很有深度的人，所以我很想知道你的看法，不论是正面的还是负面的。"

你也可以给团队成员发邮件说："我想休息一会儿，我打算在10点钟出去散步15分钟，有人想和我一起吗？"这样做是在允许他们放下手头的工作，是向他们表明，为了提高工作效率而去做一些必要的事情是没有问题的。不要引导接下来的谈话，只需顺着他们的思路，聊他们想聊的就好。

你可以记录这些谈话，特别在有人提出与团队工作相关的想法时。"这个想法真的很有趣，我想记录下来，这样我就可以再去思考一下。"思考几天后可以给他们发个信息或邮件，提出简单的跟进问题或澄清性问题。这表明你足够重视他们的意见，愿意对其进行思考并再次联系他们。无论最终你是否采纳了他们的想法，他们都会感觉自己受到了重视。

在任何谈话结束时，总结他们所说的话，以确保你没有听错且理解了他们的意思，并询问你是否理解对了。这会体现出你的同理心，表明你在认真倾听。

如果某个团队成员的名字对你来说比较生僻，问问他如何正确发音。跟着念一念，直到他告诉你念对了为止。我知道有些领导在聘用员工时就把对方的名字念错了，之后很多年一直没念对过，因为他们从未问过对方（而且很多人也不想纠正领导的发音）。这看起来是件小事，但一个人的名字是其身份的一部分，当你想把对方的名字念对时，他会觉得受到了重视。

有时候，人们的面部表情和内心想法并不一致。内向者在深思熟虑时往往会皱着眉头，即使我们同意对方的观点。如果你不确定对方的感受，可以私下询问他们："我想知道你对我们刚刚在会议上讨论的内容有什么看法。你看起来有所顾虑，所以我想问问你。"

领导团队的技巧

你可能有过多次在外向型老板手下工作的经历。当你有机会晋升为领导时，你很可能会矫枉过正，用自己多年来一直没有体验过的方式来领导团队。你可能会打造一个鼓励人们反思和深入思考的环境，但轻视外向者擅长的激烈讨论。这样做的风险在于，创造了一个适合内向者的环境，却忽视了外向者的需求。

作为领导者，你的职责不是用自己最舒服的方式来领导他人，而是让你所领导的每个人都发挥出最佳水平。每个人都有自己的天赋，你的挑战是发现他们的天赋，为他们提供让天赋发挥作用的环境，然后好好维护，让他们能够做出独特的最佳贡献。

这就解释了为什么认为做领导就是告诉人们该做什么的观念如此有害（然而人们普遍都这么认为）。这种观念让领导者成为拥有最佳创意的人，而削弱了每个人的创造性贡献。法国飞行员兼作家安托万·德·圣·埃克苏佩里（Antoine de Saint-Exupéry）曾说过："如果你想造一艘船，不要号召大家去收集木头，也不要分配任务和发号施令，而要激起他们对浩瀚无边的大海的向往。"[7]

让大家去造一艘船，他们会造出船来。而用旅行的愿景来激励他们，他们就会创造出无限可能。

尽可能留出足够的协同工作空间和独立工作空间。创造各种工作空间，让人们可以利用现有资源，做任何适合自己的事情。避免只有完全开放或完全隔离的环境。可以考虑在开放区域摆放大大小小的桌子，让大家可以坐下来一起工作。创造私人空间，让每个人都能在安静的空间里思考和工作，或与一两个人合作。如果可以的话，每周让员工在家工作几天。鼓励使用耳机隔绝干扰，专心思考。有家公司给每位新员工都配备了降噪耳机，供他们在合适的时候使用。

请记住，当内向者和外向者在这种为照顾每个人的安全感而精心营造的环境中合作时，所产生的价值是不言而喻的。人们会渐渐认识到提出大量想法的价值，因此，外向者就会率先提出有创意的想法。随后，我们需要对这些想法进行深入且明确的探讨，这样你就可以激发并鼓励内向者发挥他们的杰出才能。每个人都能感受到自己能够通过最符合自己天性的方式做出贡献。

对会议进行再思考

几年前,有人提出了"死于会议"一词。这个词之所以引起人们的注意,是因为在工作中只要领导提出一个想法,就要召开会议,这种现象十分普遍。开会可以很高效,但更适合外向者而非内向者。这正应了那句老话:"当你手里唯一的工具是锤子时,所有的问题看起来都像钉子。"

作为领导者,你需要大家一起来完成工作。有时你是一个非正式的领导者,你领导的项目团队成员并不是自己的下属,而有时他们是你的直接下属。无论哪种情况,聚集在一起开会只是获取他们最佳想法的一种方式,但这可能是一种不用动脑的选择,忽视了采取其他方式的可能性。考虑一下这些让会议更有效甚至没必要的方案吧:

• 不要为了单独一个需要解决的问题而召开会议。将问题汇总起来,以便在一次会议中讨论多个议题。

• 每次会议一定要提前发送议程,以便大家做好准备。这样内向者能有机会在会议前进行思考,即使其他人会忽略议程。

- 确保每个参会者都有机会分享自己的想法，而不会觉得自己的想法是无关紧要的。控制那些常常会占用大多数讨论时间的人的发言，以便让其他人也有机会分享观点。

- 如果参会者有其他想法，鼓励他们在会后以书面或面谈的方式提出来。内向者喜欢在处理好接收到的信息之后再进行分享，他们通常更愿意进行一对一交流，而不是在整个团队面前发言。

- 不要以为大家会在会议中自发分享自己的想法。要认识到，人们很可能正在进行深层次的思考，而你需要通过多种途径挖掘他们的想法。

- 会议要简短有序。将参会者分为两到三人组，给大约十分钟的时间让他们交流分享，然后让每个小组中的一个人陈述他们的想法，从而最大限度地挖掘比较安静的那些人的意见。在这样的环境中，内向者在分享想法时会觉得更有安全感。当你听取小组汇报讨论情况时，他们的想法也能在整个团队面前得以展示。

- 切勿在休息后建议进行破冰活动或号召大家做操，并美其名曰"来活动一下身体"。内向者会因此迅速离开会议室。

内向者能成为出色的领导者吗？当然能。你有这个能力！你需要的只一个全新的心态。这意味着利用你所有的特

质，不断提高自身技能，帮助他人做自己，发挥出他们的全部潜力。

这意味着你的员工和公司会大有作为。

这就是你的战略优势！

5 自信地沟通

沟通中最大的问题是各说各话而互不自知。

萧伯纳

我一直很期待这一部分的到来，因为我过去写过很多关于人际沟通的文章。从最基础的《如何自信沟通》（*How to Communicate with Confidence*）到最近出版的《不遗憾的沟通术》（*It's Better to Bite Your Tongue Than Eat Your Words*），我之前出版的所有书籍都涉及人际沟通的某些方面。它们都来源于我作为内向者在外向者的世界中的亲身经历。刚开始写作时，并没有太多类似的资源，所以我结合了研究、试验和试错。

我意识到，很多人（主要是内向者）从未获得过基本对话技能所需的工具。他们一生尽其所能想做到最好，却不知道从哪里获取新工具，甚至不知道这些工具的存在。这就是我决定尽我所能去学习，进行测试，然后分享给大家的原因。

我决定先从探索开始，看看自 20 年前我开始撰写和研究与内向性格相关的话题以来有什么变化。我在搜索引擎上输入了"内向者如何学会沟通"，结果有两个发现：

1. 有关该主题的网页*很多*，包括热门文章、研究论文、博客文章和专业刊物。

2. 新的或独特的信息*很少*，而且很多都带有误导性。

每当有人想写这个话题时，似乎总会选择以下两种方式之一：

1. 他们只是简单地思考这个问题，并写下自己随意的想法（这些想法几乎总是缺乏深度，起不到帮助作用）。

2. 他们和我一样搜索了网上的信息，然后复制别人所写的想法，修改下措辞，发布相同的内容。

第二个方式最让我头疼。我浏览了几十篇文章，内容大同小异，让我大吃一惊。我不知道是谁提出了最初的想法，但每个人的要点似乎都一样。我不想说大家剽窃了别人的想法，但我认为可以肯定的是，他们没有多少原创观点。这些主要观点是正确的，但只是重复和重新包装而已。我希望通过寻找新的见解和视角来提出更好的观点。

沟通工具箱

我决定根据自己多年来的心得体会，给大家提供一个内向者的视角。其中有些观点已经在前面的内容中提到过，所有这些观点都与一个或多个绝招有关。它们共同构成了内向者如何进行最佳沟通的入门指南。

1. 相信自己能提供有价值的东西

一旦我们了解到自己的优势有多么独特，以及自己能够多么深入地处理和呈现信息，我们就不需要将自己与他人进行比较。人们在需要*迅速*得到答复时可能不会想到我们，但如果他们需要*深思熟虑*的观点，他们会来找我们。

2. 选择合适的交谈环境

如果我应邀在一家嘈杂的餐厅与人会面，那么在那种环境下保持投入就像逆水游泳一样费力。如果我必须费力才能听清对方在说什么，那么我的精力很快就会消耗殆尽。

我学会了提议换一个见面地点，并告诉对方原因。同样，如果办公室里有人想讨论一些事情，而我需要集中注意力才行，我会说："太好了，我们去那间空会议室吧，那里安静一点。"

3. 学会提出好问题

在内向者的所有沟通工具中，善于提问是最重要的。谈话陷入僵局时，我们很难想到要说什么，这就是为什么我们常常害怕沉默。如果能正确使用这种根据对方刚刚所说的内容提出问题的能力，那你就有了一件秘密武器。这不是让谈话继续下去的花招，而是展现出真正的好奇心。

4. 自信地做自己，同时不断成长，培养自己的技能

我们可以利用自信心来进步、提升，并学习新技能。这与日本企业经营理念中的"*持续改善*"（kaizen）不谋而合。在过去几年里，有很多帮助内向者接纳自己的书籍和资源。这些资源是完美的起点，但接下来我们需要专注于学习不同的沟通新技巧，以便与他人交往并产生影响。

5. 主动而非被动地倾听和观察

内向者往往会忽视在倾听时使用更多面部表情和给出更多回应的必要性。如果没有面部表情的暗示，别人会认为我们要么没在听，要么很傲慢。

这很简单，只需多加练习。学会与他人进行良好的眼神交流，当你理解对方的意思时，要常常点头，当你听到自己认同的话时，就展露微笑，并用诸如"很疯狂，对吧？"或"我懂你的意思"或"有道理"之类的言语，表现出你在积

极倾听。

6. 按需休息

如果我的汽车油箱只有你的一半大，我就需要更频繁地停车加油。再怎么祈愿也改变不了这个事实，而且如果我试图在油箱空了的情况下继续驾驶，那么就会熄火。

在谈话中也是如此，如果你一直在进行耗费精力的谈话，即使谈话进行得很顺利，你也能感受到自己的能量正在消耗殆尽。休息一下，补充能量，而且不需要道歉。在某些情况下，可以简单地说："很有意思！给我点时间，我需要考虑一下再做答复。"而在其他时候，你可以说自己要去趟洗手间（不管是否真的需要），让头脑清醒一下。

做好关键工作需要燃料。对于内向者来说，独处的时间是必不可少的，而不是可有可无的。

7. 让你说的话有分量

无论是团队会议、线上会议、与同事的交谈，还是与客户或顾客的交易，在任何情况下，都必须言之有物。你所说的话可以带来价值，让你显露头角，但前提是你必须有所贡献。如果你在每次交谈中只说一句话，那就要让它发挥价值。这正是内向者所擅长的。

如果你觉得自己应该多说点什么，那么问问自己是因为有更多的价值可以贡献（那就多说点），还是只是为了像外向者一样引起关注（那就不要补充了）。始终有选择地分享你的观点，重质量轻数量。越简明扼要，你的话语就越有影响力。无价值的话语总会降低你的影响力。

8. 为每次交谈做好准备

对于内向者来说，做好准备是驾驭任何谈话的关键技能（这也是其成为绝招的原因）。常常问问自己，*这次交谈的目的是什么？*

• 如果是和朋友共进午餐，回顾一下你知道的他们生活中正在发生的事情或最近谈论过的事情，把它们记在心里。

• 如果是与走进你店里的顾客交谈，要提醒自己，你并不了解他们生活中发生的一切。以善意的态度对待他们，就会让他们感受到真正的关怀，从而建立起人与人之间的联系。

• 如果是团队会议，提前查看议程，确定自己对每个议题的看法，在适当的时候发言。

• 如果你在服务行业工作，认真倾听客户的需求，提出问题，澄清疑虑，然后精准地满足他们的需求。时刻感激你有机会服务他人并为他们的生活带来改变。

• 如果是与你的老板沟通，要想好你将沟通的内容，以及一两个关于他们个人状况的问题。"我知道最近薪资结构的变动让大家都很不安,这对你有影响吗?"这不是多管闲事,只是想找到真正关心他们的方式。

9. 建立个人关系

在大多数工作中,偶尔参加大型团体聚会在所难免,这会比参加小型聚会更快地消耗你的精力。出席并参与其中,但尽量少地跟进交谈,和尽量少的人互动。尽管这可能反而需要耗费更多的时间,但这样建立起来的关系会更加深入。

当有人在会议中分享了一些你关心的事情,不要在会议结束后与其他人发表评论,那会变成闲言碎语。仔细思考你所关心的问题,找到最简单的表达方式,然后直接向对方提问。你可以说:"我听到了你在会上的发言,你的想法很有趣,和我的想法不同。我想再多听听你的想法,看看能否与我的想法找到相通点。"

在一对一交流或尽可能小的团队中,你会有最佳的表现。尽量多参与这种会面,并在大型会议上积极倾听和观察。

内向者的谈话技巧

有许多方法可以帮助我们在谈话中脱颖而出。我们来总结几个技巧，首先是与个人交谈的技巧，其次是在群体面前发言的技巧。

与个人交谈的技巧：

做好准备工作是内向者在交谈中保持自信的最佳绝招。当你感到自信时，你就不必对别人问的每件事情都有答案。这能让你毫不畏惧地说出"我不知道"，这样做也会赢得他人的尊重。

不断寻找肯定同事的方法。如果同事在会议上提出了有价值的观点，花几秒钟让他们知道。"今天上午，你在会议上回应凯文的评论时，我对你表达观点的方式印象深刻。这不仅缓和了气氛，还把讨论引向了新的方向，真的令人印象深刻！"永远不要为了讨好别人而言不由衷，始终保持真诚，如果你有感觉，就说出来。这不需要下太多功夫，却能给别人的一天带来好心情，并在你们之间建立起信任。

即使你的主管或经理只是做出了一个很好的决定，或是鼓起勇气做出一个艰难的决定，你也可以给他们写一封简短的感谢邮件。两三句诸如"真让人耳目一新"或"这很艰难，感谢你愿意做出艰难的决定"这样的话。领导也是人，而人人都喜欢真诚的善意。

培养强烈的好奇心。假定与你交谈的每个人都知道一些你不知道的事情，而你的工作就是找出这些事情。抱着探索的心态在每次谈话中都提出一些澄清性问题，少作陈述。

如果你不得不进行一次艰难的对话，可以考虑和对方一起去散步。如果你们并肩而行，就不会有那么多眼神接触。通常情况下，你可能希望有很多眼神接触，但如果你不直视对方，会更容易去谈论一些事情，而散步会让对话更加随意。

在群体面前发言的技巧：

喜剧演员杰瑞·宋飞（Jerry Seinfeld）说："根据大多数研究，人们最害怕的事情是公开演讲，其次是死亡……这意味着对普通人来说，如果你去参加葬礼，最好是你躺在棺材里，而不是由你来做悼词。"[1]

无论我们从事什么工作，都有可能被要求在群体面前演讲。这个群体可能是我们的工作团队，也可能是整个公司的人员，甚至是媒体。这类发言往往是我们内向者最擅长的。

我们不喜欢被突然叫到群体面前，因为我们不知道会发生什么，也不知道该说些什么。我们可能会僵住，因为我们会认为其他人都在评论自己，而事实可能并非如此。但是，如果内向者被指派在群体面前发言，并有足够的时间来准备，我们往往会大放异彩。我们会整合信息，以简单易懂的方式综合呈现。我们会表现得自信且言简意赅。

我就是这样的人。如果给我充足的准备时间，我会兴奋且充满自信。我掌控着情况，我知道会发生什么。但如果让我参加一个会议，有人忽然把我叫到前面去，而我却不知道会发生什么，我就会感到非常不安。

当你主持会议时，有以下几种方法可以抓住机会：

如果有人提问，而你无法马上给出答案，那就诚实地转移话题。"这是个好问题，我会回答的，但我需要考虑一下。在我思考的过程中，可以先听听你们几个的意见，之后我再分享我的想法，可以吗？"这样你不是在回避问题，而是在承诺回答问题的同时，尊重了自己需要稍作思考的需求。

如果在会议上，领导要求你就某事发表意见，那就第一个发言。在第一个人发言之前，通常会有停顿时间，所以这是贡献价值的绝佳时机，而且比之后尝试插话更容易。

　　在分享你的想法时，为你的想法进行"预编号"。
在分享多个想法时，内向者通常会在每个想法之间稍作停顿，为提出下一个想法作准备。这样做的危险在于，有人会把这个停顿看作是"结束"的信号，于是插话进来。然而，如果你以"我有三个简单的想法。首先是……"来开头，如果有人试图插话，你就可以说："等一下，让我把我的想法说完，不然我一会儿就忘了。"

你可以成为擅长沟通的人

　　你可以成为擅长沟通的人。为什么？因为你性格内向。如果你能发掘自己作为内向者的独特优势，就能成为房间里最强大的沟通者。

　　无论是什么交谈场合，和什么人交谈，在什么时间交谈，你都会做到最好，因为你会通过自己的想法和话语帮助他人达到最佳状态。

　　你会真正享受这段旅程！

6 专注于更远大的目标

人生的意义在于找到自己的天赋才能，而目的在于将其贡献出去。

巴勃罗·毕加索（Pablo Picasso）

———————

几年前，我和妻子参加了一个文艺复兴市集，这是一个重现中世纪生活的户外活动，有角斗比赛、美丽的少女、古装扮等，还有啃着烤鸡腿四处走动的游客。我们看到手工艺人一边在摊位上叫卖他们手工制作的珠宝、艺术品、服装和小饰品，一边大声向路人打招呼："早安，你这个魁梧的小伙子，很高兴遇见你！"

市集上还有各种各样的乡村游戏。只要花几个硬币，你就能在诸如扔斧头、丢沙包、撞和尚或饼干大战等竞技游戏中测试你的技能。我们闲逛经过这些喧闹的摊位时都被逗乐了。

但有一个游戏引起了我的注意：老鼠赛跑。

一个简陋的木质迷宫垂直放在一张约四英尺高的桌子上。迷宫底部有四个带铰链门的隔间，一边放着一个笼子，里面有十几只老鼠。每只老鼠都有不同的颜色或独特的标记，四名参赛者可以选择他们想在比赛中使用的老鼠。

我无法抗拒这种游戏，便付了钱，选了只老鼠，焦急地等待着。摊主把我们选的老鼠带到了我们面前，并介绍了它们的名字。我的那只叫温斯顿。随后，摊主把选中的老鼠放在底部的铰链盒里。一声令下，工作人员挪开一块木板，让老鼠爬上迷宫，去获取放在顶部的食物。

活力四射的摊主为每只老鼠欢呼："温斯顿万岁！"他为温斯顿欢呼了几分钟，最后证明这对温斯顿来说其实没有必要。

游戏开始了。木板被移开，三只老鼠飞快地冲上顶端。

温斯顿却在盒子里睡着了。

我输掉了这场老鼠赛跑。

我的安慰奖是一张看起来很古老的小纸片，上面写着"我输掉了老鼠赛跑"。我把那张纸放在钱包里很久，以作警示。这件事出人意料，却真实发生了。

不管是内向者还是外向者，都会陷入老鼠赛跑之中，试图在工作中出人头地，在生活中有所作为。我们相互竞争，为了利益和地位而放弃自己的价值观、健康和理智。

但这种竞争是错误的。这就是老鼠赛跑。

没有谁能活着离开。

别误解我的意思,我非常认可要实现伟大的目标,以及达成有影响力的目标。我热衷于帮助人们在生活中"摆脱困境"并有所作为。这是我的工作,但那是不一样的竞争。

当我们发现自己身处老鼠赛跑中时,就会对肾上腺素上瘾。这是场没有意义的竞争,看似在前进,其实没有任何改变。

没有谁能在老鼠赛跑中获胜,但我们很容易陷进去,甚至意识不到发生了什么。这和跳进跑轮开始奔跑的老鼠没什么区别。它们耗费了大量精力,却始终停留在原地。

什么是最重要的?

早在 20 世纪 60 年代,参议院的一个委员会听取了专家关于时间管理的论证。研究人员认为,由于技术进步会节省大量时间,20 年后的工作定会有巨大改变。工人们将不得不大幅削减每周的工作时间或每年的工作周数。大多数人将不得不提前退休。人们面临的最大挑战之一就是如何利用业余时间。[1]

60 年后,我们看到了三个重大结果:

1. 自 20 世纪 60 年代以来,用于节省时间的技术得到了飞速发展。

2. 因为技术已经渗透到我们生活的方方面面，我们比以往任何时候都更忙碌、更匆忙，压力也更大了。

3. 因为内向者比其他人更敏感，所以更容易受到影响。

是不是这样？你上一次觉得自己有足够的时间完成所有你认为需要完成的事情是什么时候？你的生活是否总是忙忙碌碌，你甚至忙于不需要着急的小事？在等红灯时，我们会看到前面每条车道上各有一辆车。根据每辆车的品牌和型号，我们会试着猜测哪辆车在绿灯亮起时能最快启动，然后我们就可以跟在这辆车后面（如果我们选的那辆启动得慢，我们就会很懊恼）。或者，我们会在杂货店里试图根据每条结账通道的购物车数量以及购物车里装了多少东西来选择最快的那条通道。

作家兼牧师约翰·奥伯格（John Ortberg）写道："匆忙不仅仅体现了日程安排的混乱，更体现了内心的混乱。"[2] 他认为我们"抛弃智慧，换取了信息，抛弃深度，换取了广度。我们总是急于求成。"[3]

史蒂芬·柯维博士写道，了解自己想要达到的目标非常重要，这样你的选择才能推动你朝着正确的方向前进。他称："在忙碌的生活中，我们很容易陷入'活动陷阱'，我们越来越努力地攀登成功的阶梯，却发现阶梯靠错了墙。"[4]

我们正在试图赢得老鼠赛跑。

学步的孩童天真地向我们提出了一个好问题:"为什么?"为什么我们很容易就会对工作表现有很高的期望呢?是因为我们想在工作中取得成功,还是因为这是我们过上美满生活所需的资源?我们很容易为自己超额完成任务找借口,说是为了"糊口饭吃"。所以,退后一步,清楚地了解工作在我们整个生活中的位置至关重要。

柯维博士曾教人们写下他们希望在自己的葬礼上宣读的悼词。乍一看,这似乎是个可怕的任务,但它旨在帮助人们专注于生命中最重要的事情,这样他们就不会错过这些事情。这是个有益的练习,可以帮助人们理清视角,让自己的职业生涯成为过上有意义的人生的重要工具,但不是唯一的工具。对于内向者来说,这尤其具有价值,因为我们天生喜欢进行深刻反思。

多年来,我认识了一些我认为对公司来说不可或缺的人,因为这一点,我无法想象没有他们公司会是什么样子。后来,他们宣布自己要去其他公司另谋高就了。

不到一个星期,他们的岗位就公布在求职网站上,我们开始接受应聘者的申请。随后,有人填补了他们的职位,我们不得不适应其他人以不同的方式做这份工作。我们比较过,抱怨过,但最终还是调整过来,继续前行了。很快,因为忙于工作,我们甚至不怎么会想到前任员工了。

我们努力工作，在工作中取得了巨大成就。但在我们的葬礼上，没有人会记得这些。他们会记得我们给他们带来的感受。如果这是真的，那我们就应该知道如何选择专注的方向，如何平衡我们的生活。

这和内向者有什么关系？

为什么我们要在一本讲述内向者如何在职场蒸蒸日上的书中讨论这个问题呢？因为职场往往会成为让人变得忙碌、匆忙又压力重重的催化剂，因为我们都想取得出色的成绩。其实我们可以成为专家，利用自己内向者的独特技能，在我们身处的外向型工作环境中游刃有余。我们可以蒸蒸日上，可以取得成功。我们可以利用在这本书中学到的一切，最大程度提升自身影响力，成为强大且高效的内向者。

与此同时，如果我们忽视了生活中的其他方面，最终可能会后悔终生。有人说过，我们临终时，没有人会说"我真希望在工作上多花点时间"。这就是为什么我们需要在此停下来，以确保我们所做的一切都有正确的理由。

这一点不仅仅适用于内向者，也适用于每个人，但内向者往往更容易忽视生活中的其他方面。我们能敏锐（往往有点过头）地意识到别人是如何看待我们的。我们通常会有一些取悦他人的倾向，所以我们会更努力地追求成功，以便获得他人的好感。对我们来说，确保所做的一切都有正确的理由更加困难，我们必须学会如何适应自己本身的性格，同时磨炼与他人互动的技巧。

外向者通常会在高刺激环境中精力充沛。他们喜欢与人相处，并从中获得能量。如果他们学会专注于对他们来说最重要的长远目标，就会自然而然地拥有实现目标的能量。如果不这样做，他们就很难确定哪些目标对他们来说最重要，并朝着这些目标前进。

相反，内向者在独处时会自然而然获得能量。我们可以在职场中运用我们的社交技能，但这并不能给我们带来更多能量，反而会消耗能量，因为我们需要独处时间来充电。精力充沛时，我们就会有动力选择重要的人生目标。内向者的动力来源于深层次的目标，这给了我们在需要的时候恢复精力的理由。

无论是外向者还是内向者，前方一定有什么东西极具个人价值，值得去努力追寻。当我们找到这个"东西"时，就找对了我们应该参加的比赛。

别让自己陷入困境

你读这本书是为了提高工作效率。但如果 7 个绝招你全都掌握了，却还是没有产生那种能让你充满活力的目标感，那就没有真正的益处。你所做的一切都应该让你更接近你想成为的人。

我们探讨了这么多，就是为了让你能成为你想成为的人。你可以完全做"自己"，完全成为你想成为的人，而不必试图成为其他人。

我们还有最后一个问题需要探讨：我们怎样才能避免回到原有的观点和行为模式去？如果我们健健康康，精力充沛，这不成问题。但如果我们感到疲倦、无聊或觉得自己陷入了困境，就会自然而然回到原有的思维模式中去。我们会想，*我永远是个内向的人，所以我能做的事总是有限的。*

这是一种受害者心态。如果我们把自己视为受害者，就意味着别人在发号施令。我们认为自己能做的事情是有限的，因为我们是周遭环境的受害者，或者在某种情况下，是我们自身性格的受害者。我们会因此不再去做自己热衷的事情。持有受害者心态的人会说："某人或某事阻碍了我的成功，妨碍了我的幸福，而我对此无能为力。"

幸运的是，我们有另一种选择：*积极主动*。积极主动和消极被动正好相反。我们不在对生活中发生的事情做出反应，而是主动寻求积极的结果。在多数情况下，积极主动意味着我们采取行动改变自己可以控制的事情，并学会接纳和适应我们无法控制的事情。

记得《宁静祷文》（*Serenity Prayer*）吗？理查德·尼布

尔（Richard Niebuhr）写道："上帝赐予我宁静，让我接纳我无法改变的事情；赐予我勇气，让我改变我能够改变的事情；赐予我智慧，让我分辨出两者的不同。"[5] 让我们来解读一下这句话，因为其中的道理是在工作和生活中获得成功的关键。

接纳我无法改变的事情。

就在我写这篇文章时，南加州的气候已经高达百余华氏度。我和我妻子都不喜欢炎热，这也是我们几十年前从居住了 11 年的凤凰城（那里夏天气温高达 118 华氏度）搬到这里的原因。我们通常会去北方避暑，而不是去南方感受阳光明媚的假期。外面烈日当空时，我很难保持良好的情绪。天气能毁掉我的一整个星期，尽管我因为炎热而感到沮丧和愤怒，但我对天气是无能为力的。我不想成为天气的受害者，我无法改变它，所以我一直有意识地把炎热视作生活中会短暂经历的事情，接纳它，并找到创造性的适应方式。炎热时我不会在室外露台上写作，而是去有空调的咖啡厅，这样我就能集中精力。我还会把户外运动安排在刚刚日出的时候，而不是日上三竿的时候。

我们每天内心的平静与我们接受自己无法改变的事情的能力直接相关。如果我们对无法控制的事情感到愤怒或沮丧，就会成为这些人或环境的受害者。从某种意义上说，我们放弃了对自己情绪的控制权，我们陷入困境，无法前进。接纳我们无法控制的事情会给我们带来自由，让我们把花在沮丧上的精力重新投入到积极的结果中去。

勇于改变我能够改变的事情。

什么是可以改变的？我是个内向的人，我永远不会变得外向，试图成为一个外向的人也毫无意义，所以我学会了珍视自己的内向，并加以利用。同时，我知道我可以获得新技能，帮助自己在外向性格更受重视的环境中表现良好。

我们很容易就会说："我是个内向的人，所以我就安于现状吧，没必要成长。"这就是为什么我们需要勇气才能意识到，虽然我们的性格改变不了，但我们的技能可以改变，这就是内向者在工作中取得成效的秘诀，即采取一种持续成长和发展技能的心态。我们不一定要成为全场最流畅的沟通者，但我们可以获得一些技能来大大增加我们在工作中的贡献和信心。

有智慧分辨出两者的不同。

也许分辨出哪些是我们可以改变的，哪些是我们无法改变的看起来并不难，但这个过程可能会有欺骗性。我们很容易认为某些事情不需要改变，因为它们在（而且一直在）我们的舒适区内。这需要我们刻意去分辨，首先要注意并意识到这些事情，然后挑战它们。它们是一直这样永久不变了，还是我们可以做点什么来推动它们的发展？

变得积极主动可以改变职场中的一切，也可以改变我们工作之外的生活。我们可以拒绝成为我们所遇到的人的受害者，无论我们是与他们一起工作、做生意，还是与他们一起生活。当我们做出这样的选择时，就控制了我们唯一能控制的东西——我们自己。

这样做时，我们就有资格享受作为内向者的丰富、充实且有意义的人生。

为内向者准备的最终总结

以下是我们能从本书中学到的：

• 这个世界并不是外向者居多的世界，虽然感觉好像是这样，我们内向者的人数其实跟他们差不多。

• 有些人（比如销售人员）从事的是需要外向技能的工作。但当内向者对这些职业充满热情时，我们可以通过发掘自己的独特优势，去学习如何出色地完成这些工作。

• 有些人所在的工作团队中外向者比内向者多，但我们可以做出别人无法做出的深层贡献。

• 每个人都有自己的强项和弱项。我们都需要成长并且获得新的技能。

· 外向者并不优于内向者，内向者也不优于外向者。我们只是各有不同，我们每个人都有自己的独特贡献，这对任何一家公司的成功都是至关重要的。

· 我们都在朝着成为最好的自己努力。

· 公司不需要更多的外向者，它们需要的是每个独特的人每天都能在工作中展现最好的自己。

内向者可能认为，我们必须成为另一个人，才能在重视外向技能的职场中发挥作用，才能成功。正如我们在书中所述，事实并非如此。无论是在公司工作还是自己创业，只要我们能充分利用构成自己气质的独特优势，我们就拥有了获得巨大成功所需要的一切。我们不需要变得外向。我们只需要全身心投入，在职场中找到自己的位置。

掌握以下两件事，我们就能蒸蒸日上：

1. 完全了解外向者的世界，这样我们就可以学习在这样的环境下如何严谨细致地做好工作。

2. 完全掌握内向者的世界，这样我们就可以利用自己独特的优势做出最大的贡献。

这是一本关于希望的书，与*生存*无关。写这本书是为了

*赞美*和*培养*我们作为内向者的独特性，是为了让我们成为胜利者，而不是受害者。这本书讲述的是如何发展我们内向者的性格优势，并获得在各种工作环境下蒸蒸日上所需的额外技能。从某种程度上来说，这取决于我们不再试图成为外向者，而是完全接纳我们自己。

这是奇迹发生的地方。

本书的目的是让你更清楚地了解自己的目标，以及如何在生活的各个方面取得成功。决定自己的方向，走自己的人生旅程，与他人无关。然后运用你的天赋，提高你的技能，最终实现目标。

在你生命的尽头，你不需要成为老鼠赛跑中的赢家，没有赢家。不要浪费你的生命去尝试成为另一个人。专注于成为最好的自己。

这就是你在这个世界有所作为的方式！

致　谢

　　写一本书就像第一次去大峡谷徒步旅行。这是一个非常浪漫的想法，旅程的开始你会很兴奋，但随后你意识到你必须徒步回到山顶，一路都需要上坡。你汗流浃背，疲惫不堪，脾气暴躁，想要放弃，但你必须坚持到最后。如果这是一个人的旅行，那会很痛苦。如果你有一群朋友同行，虽然还是会很辛苦，但他们会鼓励你继续下去，并且会陪在你身边。

　　很多书都有一页用来"致谢"那些陪伴他们同行的人，如果没有这些人，作者可能早就已经放弃了。这一直是我最喜欢写的一页，因为这让我有机会对那些了不起的人说"谢谢！你们太了不起了"。同时也让自己有机会放慢脚步，看看日出，并为自己有机会完成这段旅程而感恩。真是太荣幸了！

　　这是我第九次徒步穿越这个文学峡谷。当我回头再看时，我意识到虽然偶尔也会有新人同行，但在所有这些旅程中都陪伴着我的，总是那几个人。这让旅程变得熟悉和舒适，我很感激我们学会了像一个团队一样运作，这让每次旅行都变得更美好。

可能你在我以前所有书的致谢页面中看到过同样的名字。这很好，我们都比刚开始的时候老练多了。

我的妻子，黛安，总是我致谢列表上的第一位。你可能会认为，我们结婚已经 46 年了，生活应该很平淡了，我们会认为彼此在一起是理所当然的，但我们之间还是保持着新鲜感。我永远不知道未来会怎样，但娶她仍然是我做过的最好的决定。我们之间的关系会因为成长而改变，而且我们仍在继续成长。我们的感情更深也更好了，我们在一起充满乐趣，我们还有下一个 46 年。

我写的每一本书都是维姬·克伦普顿（Vicki Crumpton）编辑的，这些书值得一读全都仰仗她。我总是惊叹于她的能力，她能把我磕磕绊绊的想法和文字变得简单而连贯。简而言之，有她的指导，我才能成为一个真正的作家。

我在上一本书中说过："如果维姬退休了，你可能就不会再买我的书了。她就是这么厉害。"这就跟未卜先知一样，因为她在那之后不久就退休了。好消息是，几年前，我遇到了她的继任者蕾切尔·麦克雷（Rachel McRae），遇到她之前，我并不知道一个人可以这么精力旺盛，这么能力出众。她是我的新编辑，在过去的几个月里，我很高兴能和她一起工作。她是新加入我这趟旅程的，但我觉得她的加入促成了最好的旅行组合。（最好的消息是，维姬又加入了这次峡谷徒步，她完成了这本书的编辑工作。）

利华（Revell）（贝克出版集团的一个部门）对我来说已经不仅仅是出版商了，它已经成为了我的"家"。我和它的员工建立了长期的关系，这已经发展成一种高度信任的关系。如果我被困在路上，我相信他们会给我送来驴子。

至于其他的旅伴，包括生活中的家人、朋友和同事。他们关心我，所以伴我同行，他们比任何人都更能影响我的想法。蒂姆和他的妻子露西，萨拉和她的丈夫布莱恩，以及他们给我带来的可爱的孙辈们，给我的生活带来了纯粹的快乐和意义。像杰里米（Jeremy）、格伦（Glenn）、拉娜（Lana）、保罗（Paul）和维姬（Vickie）等这样的朋友让我不断接受挑战，像杰西卡（Jessica）和莱克斯（Lex）这样的作家朋友不断给我鼓励。

我可能会把旅途中遇到的每个人都包括进来，因为每一次谈话都会影响我的想法。但篇幅不够，而且我知道总有人会被我漏掉。

我的生活和事业，以及通过写作产生一点影响力的机会都是上帝给我的礼物。他是我做这一切的原因，我喜欢自己跟他之间的私密关系。他对这条写作之路很熟悉，文学峡谷就是他造的，所以他一直是最好的徒步伙伴。

为此，我永远心存感激。

注 释

序言

1. Mohit Parikh, "Invention Story: Noise Cancelling Headphones," Engineers Garage, accessed February 28, 2023, https://www .engineersgarage.com / invention -story -noise -cancelling -headphones /.
2. Jenn Granneman, "There Might Not Be as Many Extroverts in the World as We Think, Science Says," *Introvert, Dear* (blog), April 9, 2015, https://introvertdearcom /news /there -might -not -be -as -many -extroverts -in -the -world -as -we -think -science -says /.

旅程开始的地方

1. Dictionary.com, s.v. "introvert," accessed February 28, 2023, https:// www.dictionary.com/browse/introvert.
2. Stephen R. Covey, *The 7 Habits of Highly Effective People*, thirtieth anniversary edition (New York: Simon & Schuster, 2020), 18–20.
3. Jonathan Rauch, "Caring for Your Introvert," *Atlantic*, March 2003, https://www.theatlantic.com/magazine/archive/2003/03/caring-for-your-introvert/302696/.

第一部分　职场中的内向者

1. Sarah Lambersky, "How to Manage Your 40,000 Negative Thoughts a Day and Keep Moving Forward," *Financial Post*, October 16, 2013, https://financialpost.com/entrepreneur/three-techniques-to-manage-

40000-negative-thoughts.

1 内向者的时运好转

1. William Pannapacker, "Screening Out the Introverts," *Chronicle of Higher Education*, April 15, 2012, https://www.chronicle.com/article/screening-out-the-introverts/.

2. Scott Barry Kaufman, "What Kind of Introvert Are You?" *Beautiful Minds* (blog), September 29, 2014, https://blogs.scientificamerican.com/beautiful-minds/what-kind-of-introvert-are-you/.

3. Susan Cain, as quoted in NJ Lechnir, "The Most Interesting Research You'll Ever Find about Introverts," *The Frog Blog* (blog), February 6, 2019, https://leapfroggingsuccess .com /most -interesting -research -ever -introverts /.

4. Marti Olsen Laney, *The Introvert Advantage: How to Thrive in an Extrovert World* (New York: Workman Publishing, 2002), 6.

5. Maggie Zahn, "How to Become So Good They Can't Ignore You," *Business Insider*, July 17, 2014, https://www.businessinsider.com / become -so -good -they -cant -ignore -you -2014 -7.

2 心理游戏

1. Matt Grawitch, "Biases Are Neither All Good Nor All Bad," *Psychology Today*, September 10, 2020, https://www.psychologytoday.com/us/blog/hovercraft-full-eels/202009/biases-are-neither-all-good-nor-all-bad.

2. Julia Carter, "Tackling Introversion Bias in the Workplace," Zestfor, accessed January 26, 2023, https://www.zestfor.com /tackling -introversion -bias -in -the -workplace /.

3. Carter, "Tackling Introversion Bias."

4. Carter, "Tackling Introversion Bias."

5. Kathy Caprino, "Do You Have a Bias against Introverts? I Did, and I'm Ashamed of It," *The Finding Brave Newsletter*, July 23,2021, https://www.linkedin .com /pulse /do -you -have -bias -against -introverts -i -did -im -ashamed -kathy -caprino /.

3 误解终结者

1. Heidi Kasevich, "It's Not Just Gender Holding You Back," *Huffpost*, February 22, 2017, https://www.huffpost.com/entry/its-not-just-gender-holding-you-back_b_589deaece4b0e172783a9b4b.

2. Adam M. Grant, Francesca Gino, and David A. Hoffman, "Reversing the Extraverted Leadership Advantage: The Role of Employee Proactivity," *Academy of Management Journal* 54, no. 3 (June 2011): 528–50, https://journals.aom.org/doi/abs/10.5465/amj.2011.61968043.

3. As quoted in "60 Inspirational Harvey Mackay Quotes (TIME)," Gracious, September 13, 2022, https://graciousquotes .com /harvey -mackay /.

4. Keith Ferrazzi, *Never Eat Alone* (New York: Doubleday, 2005), 8.

5. As quoted in Dan Western, "30 Keith Farrazzi Quotes from *Never Eat Alone*," Wealthy Gorilla, July 18, 2022, https://wealthygorilla .com / keith -ferrazzi -quotes /.

6. Western, "30 Keith Ferrazzi Quotes."

7. Fiona MacDonald, "The Science of Introverts vs Extroverts," Science Alert, October 24, 2016, https://www.sciencealert.com/the-science-of-introverts-vs-extroverts.

8. Jenn Granneman, "10 Signs Your Baby (or Toddler) Is an Introvert," *Psychology Today*, January 29, 2019, https://www .psychologytoday .com /us /blog /the -secret -lives -introverts /201901 /10 -signs -your -baby -or -toddler -is -introvert.

9. Amy Simpson, "Confessions of a Ministry Introvert," *Christian Living Books* (blog), April 3, 2018, https://christianlivingbooks .com /

confessions -of -a -ministry -introvert /.

10. Heather McColloch, "Embracing the Introverted Brain," *Mind Brain Ed Think Tank*+ (blog), February 2020, https://www.mindbrained .org /2020 /02 /embracing -the -introverted -brain /#.

4 如何自我对话

1. Marina Krakovsky, "The Self-Compassion Solution" (white paper), *The Introvert Entrepreneur*, May–June 2017, https://theintrovertentrepreneur .com /wp -content /uploads /2014 /01 /Self -Compassion.pdf.

2. Shad Helmstetter, *What to Say When You Talk to Yourself* (New York: Gallery Books, 1986), 10–11.

3. Helmstetter, *What to Say When You Talk to Yourself*, 10–11.

4. As quoted in Robert Wolgemuth, *Gun Lap: Staying in the Race with Purpose* (Nashville: B&H Books, 2021), 60.

5. As quoted in "80 Moving On Quotes That Will Help You Let Go," *Reader's Digest*, November 23, 2021, https://www.rd.com /article / moving -on -quotes /.

6. Adam Grant (@AdamMGrant), Instagram post, February 21, 2022, https://www.instagram.com /p /CaQDRpTvF -m /.

7. Grant, Instagram post, February 21, 2022.

8. As quoted in Polly Campbell, "Positive Self-Talk Can Help You Win the Race—Or the Day," *Psychology Today*, June 14, 2011, https://www. psychologytoday.com/us/blog/imperfect-spirituality/201106/positive-self-talk-can-help-you-win-the-race-or-the-day.

9. Inner Drive, "6 Ways to Improve How You Talk to Yourself," *Inner Drive* (blog), accessed January 27, 2023, https://blog.innerdrive.co.uk /6 -ways -to -improve -how -you -talk -to -yourself.

第二部分　7 个绝招

1. As quoted in Vivek Ranadive and Kevin Maney, *The Two-Second Advantage: How We Succeed by Anticipating the Future—Just Enough* (London: Hodder, 2011), 3.

2. Charles McGrath, "Elders on Ice," *New York Times*, March 13, 1997, https://www.nytimes.com /1997 /03 /23 /magazine /elders -on -ice .html.

1 学会外向者的语言

1. As quoted in John Worne, "Languages—Getting to the Heart," *USC Center on Public Diplomacy* (blog), December 6, 2013, https:// uscpublicdiplomacy.org /blog /languages -getting -hearts.

2. Hidaya Aliouche, "The Impact of Learning a Language on Brain Health" (white paper), News Medical Life Sciences, February 15, 2022, https://www.news -medical.net /health /The -Impact -of -Learning -a -Language -on -Brain -Health .aspx.

2 为达到最佳表现而进行精力管理

1. "Earl Nightingale Quotes," Quote Fancy, accessed January 30, 2023, https://quotefancy .com /quote /797743 /Earl -Nightingale -Whatever -the -major ity -of -people -is -doing -under -any -given -circumstances.

2. Stephen R. Covey, *First Things First* (1994; repr. New York: Free Press, 2003), 103.

3. Ivelisse Estrada, "Sheena Iyengar: Choosy about Choosing," *Harvard Gazette*, October 22, 2010, https://news.harvard.edu /gazette /story / newsplus /sheena -iyengar -choosy -about -choosing /.

4. As quoted in Jeff Goins, *Real Artists Don't Starve: Timeless Strategies for Thriving in the New Creative Age* (New York: HarperCollins, 2017), 192.

3 循循善诱地影响他人

1. Kate Jones, "A Practical Guide to Influence for Introverts," *Better Humans* (blog), June 5, 2017, https://betterhumans.pub /a -practical -guide -to -influence -for -introverts -25da18924141.

2. As quoted in Jones, "Practical Guide to Influence."

3. Jones, "Practical Guide to Influence."

4. Holley Gerth, "What You Need to Know about Introverts and Influence," Introvert Spring, accessed January 30, 2023, https://introvertspring.com /what -you -need -to -know -about -introverts -and -influence /.

5. Jeff Hyman, "The Best Talkers Might Not Be Your Best Performers," *Forbes*, August 14, 2018, https://www.forbes.com /sites /jeffhyman /2018 /08 /14 /introverts /?sh=7a4da3f227dd.

4 建立信任

1. Macmillan Dictionary, s.v. "trust," accessed January 30, 2023, https://www.macmillandictionary.com/us/dictionary/american/trust_1.

5 培养情商

1. Daniel Goleman, "What Makes a Leader?" *Harvard Business Review*, January 2004, https://hbr .org /2004 /01 /what -makes -a -leader.

2. Goleman, "What Makes a Leader?"

3. Goleman, "What Makes a Leader?"

4. NPR, "Americans Flunk Self-Assessment," *All Things Considered*, October 6, 2007, https://www.npr.org/templates/story/story.php?storyId=15073430.

5. Ken Blanchard, "Feedback Is the Breakfast of Champions," *Ken Blanchard Books* (blog), August 17, 2009, https://www .kenblanchardbooks .com /feedback -is -the -breakfast -of -champions /.

6 打造你的工作环境

1. As quoted in Lillian Cunningham, "Office Design for Introverts, by an Introvert," *Washington Post*, June 4, 2014, https://www.washingtonpost .com /news /on -leadership /wp /2014 /06 /04 /office -design -for -introverts -by -an -introvert /.

2. As quoted in Paul Gallagher, "The Complete Introvert's Guide to Surviving an Open-Plan Office," *The Startup* (blog), August 26, 2019, https://medium.com/swlh/the-complete-introverts-guide-to-surviving-an-open-plan-office-f21a5e1072c2.

7 为确保成功刻意准备

1. "Abraham Lincoln Quotes," Goodreads, accessed January 31, 2023, https://www.goodreads.com /quotes /83633 -give -me -six -hours -to -chop -down -a -tree -and.

2. "Albert Einstein Quotes," Goodreads, accessed January 31, 2023, https://www.goodreads.com/quotes/60780-if-i-had-an-hour-to-solve-a-problem-i-d.

3. "Stephen R. Covey Quotes," Goodreads, accessed January 31, 2023, https://www.goodreads.com /quotes /1017494 -have -you -ever -been -too -busy -driving -to -take -time.

4. Patrick Carroll et al., "Feeling Prepared Increases Confidence in Any Accessible Thoughts Affecting Evaluation Unrelated to the Original Domain of Preparation," *Journal of Experimental Social Psychology* 89 (July 2020), https://www.sciencedirect .com /science /article /abs /pii / S0022103119304780.

5. Roger Crawford, "The Power of Preparation," *Roger Crawford Blog* (blog), accessed February 1, 2023, https://rogercrawford.com /blog /the -power -of -preparation /.

第三部分　在职场蒸蒸日上

1 打造你的职业生涯

1. Emma Featherstone, "How Extroverts Are Taking the Top Jobs—and What Introverts Can Do about It," *Guardian*, February 23, 2018, https://www.theguardian.com/business-to-business/2018/feb/23/how-extroverts-are-taking-the-top-jobs-and-what-introverts-can-do-about-it.

3 显露头角

1. Annie Nova, "Dread Going Back to the Office? Therapists Share Tips on How to Readjust," CNBC, October 25, 2021, https://www.cnbc .com /2021 /10 /25 /what -to -do -if -youre -anxious -about -returning -to -the -office -.html.
2. Ronald S. Burt, "Structural Holes and Good Ideas," *American Journal of Sociology* 110, no. 2 (September 2004): 349–99, https://www.jstor .org /stable /10 .1086 /421787 #metadata _info _tab _contents.

4 领导好你的团队

1. As quoted in Larry Osborne, *Lead Like a Shepherd* (Nashville: Thomas Nelson, 2018), 133.
2. Jason Gots, "Of Lemmings and Leadership (with Jim Collins)," Big Think, November 17, 2011, https://bigthink.com /personal -growth /of -lemmings-and-leadership-with-jim-collins/
3. Jim Collins, "Charisma, Schmarisma: Real Leaders Are Zealots," Big Think, accessed February 1, 2023, https://bigthink.com /videos / charisma -schmarisma -real -leaders -are -zealots /.
4. John Rampton, "23 of the Most Amazingly Successful Introverts in History," *Inc.*, July 20, 2015, https://www.inc.com/john-rampton/23-

amazingly-successful-introverts-throughout-history.html.

5. Jennifer B. Kahnweiler, *The Introverted Leader: Building on Your Quiet Strength* (Oakland, CA: Berrett-Koehler Publishers, 2018), 28–30.

6. Stacey Lastoe, "3 Things Introverts Can Do to Thrive in an Extroverted Workplace," The Muse, accessed February 2, 2023, https://www. themuse.com /advice /3 -things -introverts -can -do -to -thrive -in -an -extroverted -workplace.

7. As quoted in Richard Bolden, "A Yearning for the Vast and Endless Sea: From Competence to Purpose in Leadership Development," paper presented at the Air Force Leadership—Changing Culture? Conference, RAF Museum, London, July 18–19, 2007 (University of Exeter), accessed February 1, 2023, https://business -school.exeter.ac.uk / documents /discussion _papers /cls /372. pdf.

5 自信地沟通

1. "Jerry Seinfeld Quotes," Goodreads, accessed February 1, 2023, https:// www.goodreads.com/quotes/162599-according-to-most-studies-people- s-number-one-fear-is-public.

6 专注于更远大的目标

1. "All Work, No Play Makes Us Unhappy Americans," *The Morning Call*, updated October 4, 2021, https://www.mcall.com /1996 /12 /01 / all -work -no -play -makes -us -unhappy -americans /.

2. John Ortberg, *The Life You've Always Wanted: Spiritual Disciplines for Ordinary People* (Grand Rapids: Zondervan, 1997), 79.

3. Ortberg, *Life You've Always Wanted*, 81.

4. Covey, *7 Habits of Highly Effective People*, 112.

5. As quoted in James Stuart Bell and Jeanette Gardner Littleton, *Living the Serenity Prayer: True Stories of Acceptance, Courage, and Wisdom* (Avon, MA: Adams Media, 2007), 3.